강린포체

카일라스 Kailas

雪蓮道場 4

강린포체〔카일라스〕2
—히말라야의 아버지

지은이 · 임현담
펴낸이 · 김인현
펴낸곳 · 종이거울

2008년 5월 1일 1판 1쇄 인쇄
2008년 5월 7일 1판 1쇄 발행

편집진행 · 이상옥
디자인 · 안지미
관리 · 혜관 박성근
인쇄 및 제본 · 금강인쇄(주)

등록 · 2002년 9월 23일(제19-61호)
주소 · 경기도 안성시 죽산면 용설리 1178-1
전화 · 031-676-8700
팩시밀리 · 031-676-8704
E-mail cigw0923@hanmail.net

ISBN 978- 89-90562-27-2 04980
89-90562-11-2(세트)

· 책값은 뒤표지에 있습니다.
· 잘못된 책은 바꿔드립니다.

眞理生命은 깨달음〔自覺覺他〕에 의해서만 그 모습〔覺行圓滿〕이 드러나므로
도서출판 종이거울은 '독서는 깨달음을 얻는 또 하나의 길' 이라는 믿음으로 책을 펴냅니다.

雪蓮道場 4

강린포체

카일라스 Kailas 2

히말라야의 아버지

임현담 글 · 사진

종이거울

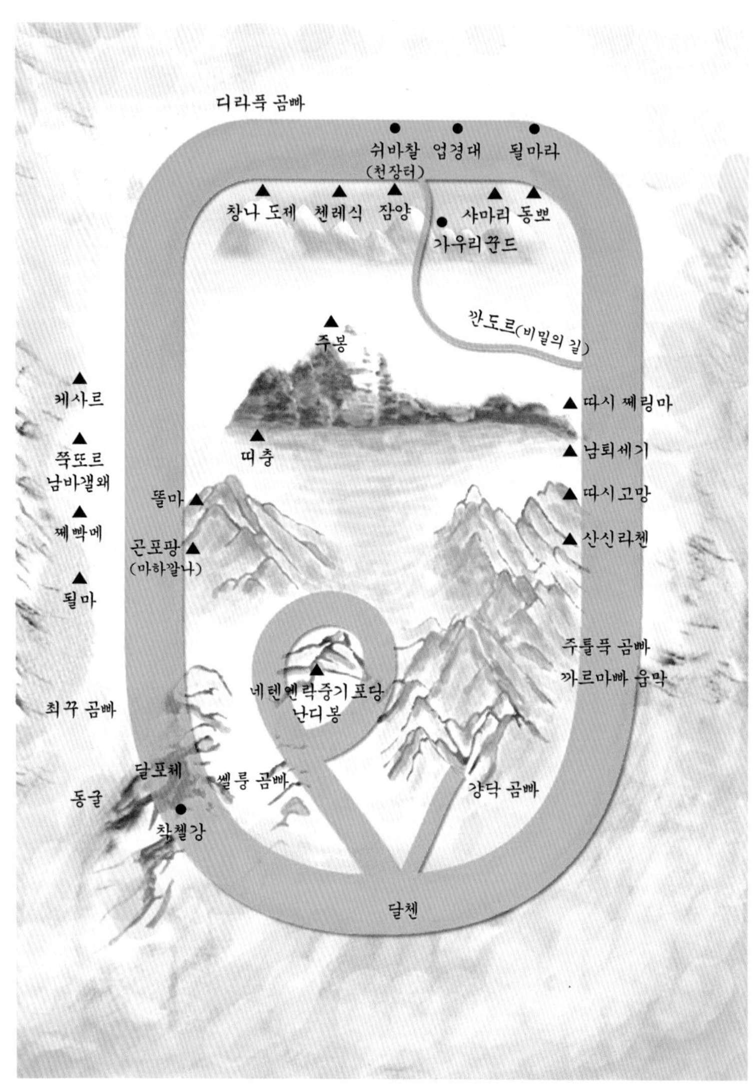

강 린포체[카일라스] 순례도

꽃 봉오리가 달린

티베트인들의 고귀한 연꽃, 제춘 빼마[강 린포체].

부디 다시 활짝 피어나기를

뵈 랑첸[프리 티베트]!

처음 당신의 이야기를 듣는 순간부터
나는 당신을 찾기 시작했습니다.

—잘라루딘 루미

힌두교도로 살았다

1992년 여름이었다. 힌두교 순례자들을 따라 가르왈 히말라야의 강고뜨리Gangotri 마을까지 올라가게 되었다. 이곳으로부터 이틀 동안 산속으로 더 걸어 들어가면 인도인들이 어머니라고 부르는 강가Ganga 즉 갠지스가 시작하는 고무크Gaumukh 빙하가 있고, 빙하의 우측 모레인 지역으로 올라서면 힌두교 구루들의 수행처 타포반Tapovan이 있기에 형성된 배후마을이었다. 빙하에서 발원한 강물이 30여 킬로미터 흘러와 굽이치며 한 번 쉬어가는 자리에 유서 깊은 사원이 우뚝 서 있고 순례객과 수행자들을 위한 숙소, 식당, 그리고 잡화점들이 골목을 이루는 마음 따사로운 절대성지絶對聖地였다.

해발고도가 3천 미터 넘는 지역이라 해가 떨어지면 추위가 곧바로 찾아

산맥들이 이제까지의 외관을 버리고 새롭게 태어나는, 즉 환골탈퇴하는 모습을 박환탈사剝奐脫卸라고 표현한다. 강 린포체[카일라스]는 히말라야 너머에서 그것이 무엇인지 손수 보여준다. 차분하고 안정적이며 절제된 모습으로 창탕고원에서 히말라야를 조율하고 있다.

들었다. 도착 이틀째 저녁, 해가 진 후 옷을 여러 겹 껴입고 밖으로 나와, 거적 같은 헝겊으로 하늘을 겨우 가린 허름한 찻집을 찾았다. 오렌지 빛 샤프란을 입은 수행자들은 어깨에 담요를 걸치고 따뜻하고 달콤한 짜이〔茶〕의 힘을 빌려 이제 본격적으로 깊어오는 히말라야 고지대 추위에 대비하는 중이었다. 움막 안에서 그들과 함께 어깨를 맞대고 쪼그리고 앉아 트랜지스터에서 나오는 간드러진 힌두음악을 들어가며 짜이를 조금씩 마셨다.

이들 중에 대단한 이야기꾼이 하나 있었다. 그가 갑자기 어떤 단어를 꺼냈는데 사람들은 합창이나 하듯이 '옴' 이라 후렴을 달았다. 마치 목사님이 말씀하시면 신도들이 뒤따라 '아멘' 혹은 '할렐루야' 를 답하는 방식이었다. 때로는 '쉬바 옴' '옴 나마 쉬바여' 라며 힌두 지존 쉬바신을 찬양하는 만뜨라가 뒤섞여 나오기도 했다.

'카일라스' 라는 단어가 등장하면 '옴' 이라 답한다는 사실을 알아내는 일은 그리 어렵지 않았다. 이야기꾼은 이 단어가 무척이나 귀하며 함부로 입에 담기 어렵다는 듯이 단어에 힘을 주고 발음에 신경을 써서 느릿하게 이야기했다. '카일라스' 라는 단어가 섞여 나오면 나도 스텐 컵에서 입을 슬며시 떼어내며 그들 목소리에 내 목소리를 자연스레 더할 수 있었다.

"옴 쉬바 옴."

당시 나는 인도라면 중증에 속할 정도로 푹 빠져버린 환자였다. 본래 부모가 주셔서 꾸준히 믿어왔던 가톨릭이라는 종교의 이야기들은 어쩐지 내가 찾고 있는 대답과는 많이 다르다고 느꼈던 시절이었다. 그것이 인도의 히말라야 산속까지 찾아온 배경그림이었다.

"왜 죽어야 하나?"

"죽음 이후에는 무엇이 있나?"

타고난 것을 버리고 그동안 받았던 교육까지 내버린 후, 저 너머의 부름을 따라 배낭 하나 둘러메고 해답을 찾아다니다가 인도 북서쪽 언저리 가르왈 히말라야까지 이르지 않았던가.

힌두어는커녕 영어조차 제대로 듣고 말하지 못하는 주제에 삼등열차에, 로컬버스에 궂은 상황을 마다하고 인도 여기저기 돌아다니는 바람에 눈치 내공이 대단할 무렵이었다. 그런 눈치 덕에 카일라스라는 곳은 쉬바신과 관계된 초절정 종교적 가치를 지닌 그 무엇이라고 눈치 채는 일은 쉽지 않았던가. 이제 나름대로 즉시 단어의 신성함을 마음의 높은 자리에 자리매김을 해놓았다.

돌아와 손전등을 끄고 슬리핑백 안에 들어가기 전에 슬며시 말해보았다.

"카 · 일 · 라 · 스."

그리고 스스로 대답했다.

"옴. 쉬바 옴."

카일라스가 어떤 산인지, 무슨 의미인지는 그 후 시간이 자연스럽게 알려주었다. 당시 가톨릭교도에서 힌두교로 자연스럽게 개종되어가던 내게 성지 카일라스는 반드시 찾아 나서야 하는 하나의 목표점이 되었다.

사실 어느 신행단체에 가입하여 이름을 올리고, 회비를 꼬박꼬박 내기도 하고, 한 주일에 하루 이틀을 투자하여 사람들과 모여앉아 문자로 쓰인 말씀을 열심히 공부할 수도 있었다. 그러나 내가 택한 방법은 일단 도취에서 깨는 길, 즉 문자를 버리고 집을 나와 다리품을 팔아 내 두 눈으로 보며 확인하기로 마음먹었으니 카일라스는 그날 이후 온몸으로 찾아가 만나야 하는 하나의 절대목표 성지가 되었다. 더구나 시간이 흐르고 힌두경전을 읽으며 카일라스의 종교적 위치를 만나니, 기가 막혔다, 이런 곳을 내가 모르고 있었다니. 아직도 가보지 못했다니!

그리고 그런 시간은 15년이나 흘렀다.

바꿔 말하면 무려 15년 동안 가슴에 이 산을 품은 채 수미산심영가須彌山心影歌를 불렀던 셈이다.

티베트불교를 만났다

히말라야를 오랫동안 다니면서 늘 가슴에 둔 몇 곳이 있었다. 하나는 시킴 히말라야이며, 두 번째는 부탄 히말라야 그리고 마지막으로 이렇게 마음자리에 늘 모셔둔 바로 티베트 창탕고원 위에 당당하게 주석한 히말라야의 아버지 카일라스였다. 티베트는 예부터 '하늘로부터 중심이요, 땅으로부터 한가운데요, 나라들의 심장이요, 빙하가 성곽처럼 둘러싸고 있으며, 모든 강의 머리' 라 했고 더불어 '높은 산, 맑은 땅 그리고 선량한 나라. 현자들이 영웅으로 태어나고 풍습이 훌륭하며 말이 빠른 곳' 이라 했으니 궁금증은 풍선처럼 커질 수밖에.

이 세 곳은 개인적으로 입국을 허락하지 않거나, 경비가 너무 심하게 필요하고, 때로 정치적인 문제로 갑자기 입국이 제한되기도 했던 히말라야 지역이었다. 이곳을 찾기 위해 무작정 네팔의 카트만두 혹은 인도의 델리, 꼴까타에 도착해서 눈치를 살폈지만 길이 통 열리지 않았다.

그러나 기다리면 기회가 찾아오는 법. 시킴 히말라야는 울창한 숲에 짙은 붉은 꽃 랄리구라스를 만개시켜가며 환대하여 아름다운 사원들 사이를 걷고, 눈 내린 고지대를 따라 히말라야 동쪽 끝의 큰 산들 품에서 행복하게 호흡할 수 있었다.

카일라스는 문제가 달랐다. 더구나 동행자 없이 혼자 다니기를 좋아하는 사람으로서는 늘 기회가 빗겨갔으며 1990년대, 중국의 창탕고원 압제가 극에 달할 무렵은 아예 입국 자체가 까다로웠다. 네팔의 수도 카트만두에서 한 번의 호기를 만났는데, 인도인들과 함께 카일라스로 향한다는 사실이 좋았고 금액도 파격적이라 카트만두에서 카일라스를 순례하고 다시 카트만두로 돌아오는 보름 동안의 총비용은 670불이라 했다.

여행사 직원이 이야기한 다음 대목이 문제였다.

"인도인들이 카트만두에 도착하는 열흘 후까지 기다려야 한다."

카트만두 대행 업자는 카일라스 북쪽 한 언덕에 쌓인 눈이 녹지 않아 가봐야 산을 한 바퀴 도는 종교적인 행위인 꼬라Kora는 할 수 없다고 단호하게 선언했다. 당시 열흘을 얌전히 기다리기에 내 심성은 착하지 못했다(지금 생각하니 종교적으로 익지 못해서였다. 겨우 열흘인데. 시절인연이 미숙했던 나를 빗겨간 셈이다). 대신 로왈링 히말라야로 올라가 밤이면 슬리핑백 안에서 낡은 유물을 추종하는 마오이스트[모택동주의자]들이 허공에 쏘아대는 총소리를 들으며 조급

함으로 열흘을 기다리지 못한 못난 나를 탓했다.

시간이 흐르면서 다른 사람들이 기록한 카일라스 기행문을 읽으면서 몸을 떨며 가끔 식은땀까지 흘렸다. 더구나 여기는 힌두교, 불교의 성지만은 아니었다. 티베트 토속 뵌교에서는 자신들의 상징이 남겨진 성산으로 보고, 자이나교는 자이나교를 만든 리샤반따Rishabhanta가 산의 정상 부근에서 깨달음을 얻어 아스따빠다Astapada라 부른다는 사실까지 알고 나자 가고자 하는 열망은 더욱 부글댔다. 즉 카일라스는 힌두교, 불교, 티베트에서 불교 이전의 토착종교 뵌교, 더불어 자이나교의 최대 성지이니 지구상에 무려 13억 명 이상의 인구가 바라보는 막강비중莫强比重의 절대성지.

이곳에는 그 어떤 우상도 없으며 산을 지키는 성직자 역시 없이 다만 피라미드 모양의 해발 6천714미터의 빛나는 설봉을 중심으로 구름이 찾아들고, 눈비가 내리다가, 해가 뜨고 지고 있을 따름이며 멀리서 순례객들만이 찾아와 원을 그리며 주변을 돌고 기도하는 아시아 최고 성지!

사실 이렇게 카일라스 행이 좌절되는 일은 스스로 만든 언참言讖이었다.

붓다가 보리수나무 아래에서 깨달음을 얻은 인도의 보드가야. 깨달음의 성지에서 시간을 보내고 동쪽으로 가는 기차를 타기 위해 가야역으로 나와 기차를 기다리다 나와 비슷하게 생긴 외모의 티베트 사람을 만난 것이

강 린포체는 하얀 화관을 둘러쓰고 정좌한 형국이다. 한 번 바라보면 영원히 각인되는 모습. 얼마나 많은 순례자들이 결연한 저 형상을 가슴에 품고 귀향했겠는가. 그러나 도리어 이 자리에 서니 고향에 돌아온 듯한 기분. 환희롭다. 만세를 누려라, 강 린포체[카일라스].

시작이었다. 솔직하게 고백하자면 이때까지 티베트에 대해 무지해도 그렇게 무지할 수 없었다. 티베트는 그동안 내 인생에 있어 아무런 자극이 되지 않았고, 14대 달라이 라마가 노벨 평화상을 받았을 무렵에야 마음이 조금 움직였으나, 그냥 어떤 사연을 가지고 망한 나라, 정도로 평가되고 있었다.

연암 박지원朴趾源은 정조 4년 즉 1780년, 열하熱河에서 티베트 겔룩빠의 두 번째 위치에 있는 판첸라마를 만나 잠시 문답을 나누었다. 박지원은 자신의 글에서 유교적인 입장에서 바라본 무지로 인한 오류를 드러냈으니 내 티베트에 관한 지식은 당시 박지원보다 단 한 발도 앞으로 나가지 못한 지경이었다.

나에 비해 월등히 유창한 영어를 구사하는 그와 오후 내내 함께 있었다. 포도를 나누어 먹었고 알 수 없는 단어들을 처음 접하면서 티베트불교를 본격적으로 만났다. 선량한 이웃처럼 생긴 티베트 난민은 내 수첩에 이름과 주소를 깔끔하게 써주었다.

문제는 형제 같은 얼굴을 가진 그의 이야기를 들은 후 하늘에 대고 호기있게 말한 맹세였다.

"나는 티베트가 독립되고, 그 후에 달라이 라마 도장이 찍힌 여권을 받아야만 티베트를 가겠다."

덧붙였다.

"독립되지 않으면 나는 가지 않겠다, 절대로!"

순진했다고나 할까, 아니면 중국을 지나치게 과소평가했던 것일까. 절대absolute라는 단어는 살면서 그야말로 절대 사용하지 말아야 했었는데 번

번이 카일라스 행이 자타自他에 의해, 즉 가족을 거느린 가장으로서 생활에 발목이 잡히거나, 개인적으로 질병이 걸리거나, 중국이 국경을 닫아버리는 등, 이런저런 사연으로 좌절될 때마다 쉽게 뱉어버린 그 말에 책임을 돌렸다.

맹세를 함부로 뱉어내는 그 가벼움이라니.

나는 대신 스스로 언참을 풀 수 있는 하나의 제안을 내놓았다.

"〔인간이 접근할 수 있는 영적 세계 가운데 최고의 땅〕이라는 카일라스 북면北面에서 티베트의 앞날을 위해 진지한 뿌자〔祭禮〕를 올리겠다. 독립, 혹은 달라이 라마에 의한 티베트의 최소한의 자치를 위해서 기도하겠다. 그러니 제발 가게 해다오."

미리 구입할 품목에 제례를 함께 치를 색색 달쵸와 향까지 포함시켰다. 100일 이상 오체투지를 했다. 남들이 그렇게 쉽게 가는 카일라스가 내게는 왜 점점 멀어지는지, 한탄하기도 하던 날이 지나가고 이제는 목적조차 잊고 오체투지를 하던 날, 이 제안과 그간의 정성이 받아들여졌는지 자타의 간섭이 모두 사라지며 문득 기회가 왔다.

비록 길이 열려 카일라스로 발을 떼어놓으면서도 침략과 수탈의 장본인들이 만든 입국 허가서를 가지고 가는 불편함이라니. 역사는 물론 종교상으로 중국과는 전혀 무관한 성산 카일라스로 가는 길에 창탕고원 침략자 중국 여권을 가지고 가는 일에 서글픔과 함께 오래전 앞에 앉혀 놓은 채 호기있게 약속했던 티베트인 얼굴이 어른거릴 수밖에.

그러나 갈 수 있다는 사실만으로도 커다란 긍정적인 까르마가 아닌가.

티베트 사람들은 딴뜨라 수행의 입문을 왕dBang, 즉 자격부여라 이야기 한다. 이것은 내가 원한다고 되는 일이 아니라 모든 조건이 성숙해져 상대 허락이 있을 때야 가능한 일이니 15년 기다림 끝에 왕이 떨어졌다고나 할까. 설렜다. 칠엽굴에 다시 입방을 허락 받은 아난다의 마음이 이러했을까. 티베트 경전에는 '결과가 원인에 의해 봉인封印되어 나타나듯이, 원인 역시 결과에 의해 추체험追體驗적으로 확인된다'는 이야기가 있으니, 슬리핑백 지퍼를 올리면서 '기필코 찾아가겠다'던 맹세 안에는 기어이 면산面山하는 순간이 내포된다는 의미다. 이것은 미사일을 발사하는 일처럼 스위치를 누르는 순간에 결정적인 훼방이 없다면 목표물의 타격이 숨겨져 있다는 의미와 같다. 즉 미래의 어떤 결과가 현재 안에 불가분하게 숨겨져 있다.

사실 그동안 시절인연에 따라 짬짬이 티베트를 공부했다. 티베트를 공부한다는 것은 바로 티베트불교를 공부했다는 이야기와 같다.

그러나 15년이라니!

카일라스는 도대체 무슨 이유로 무려 15년 동안이나 히말라야 이곳저곳, 동쪽 끝 해 뜨는 칸첸중가에서부터 서쪽 끝 발가벗은 낭가파르밧까지 떠돌게 만들면서 자신의 무릎에 나를 받아들이지 않았던 것일까.

임현담[툽뗀랍쎌]

돌마라를 향해 나가면서 고도가 올라간다. 눈에 보이는 아래 계곡으로 들어서면 칸도(마까)의 비밀의 길로 접어들게 된다. 고도가 올라가면서 강 린포체[카일라스]보다 청량한 모습으로 바뀌어 나가며 사방에서 매콤한 향기가 느껴진다. 살펴보는 가운데 사방은 더욱 고요해진다. 마음은 그 고요함을 뒤따른다.

◉ 19

최고의 무기를 가진 창나 도제〔바즈라빠니〕

행위와 의지와 윤회적인 마음을 넘어선 상태
원초적 의식의 정광명淨光明 그 무한한 지복 속에
나의 근본 스승인 〔본초불로서의〕 여섯 번째 '선정불' 바즈라다라와
정신감응적이고 상징적이며 구전적인 진리의 스승 제보와 다끼니와 진리 수호존인 남녀 신들이
폭풍우 구름처럼 무수히 모여들어
무지갯빛 후광과 눈부신 광휘 속에 선명히 보이누나.

—『티벳 밀교 요가』 중에서

세상에서 가장 강한 것은 공성

● ● ●

인도 문화권에서는 동틀 무렵에 큰 스승이 계신 자리로 가서 스승을 뵙거나 혹은 사원으로 가서 신상을 뵙는 일을 다르샨〔親見〕이라고 부른다. 이른 아침에 신성함을 만나 영혼을 충만케 하기 위해 행하는 일과다. 산에서는 아침 해가 올라오는 모습을 진지하게 바라보는 일이 다르샨이 된다.

아침은 봉우리부터 온다. 수평선 위가 선홍색으로 물들다가 붉은 해가 올라오는 것이 아니라 가장 높은 봉우리에 홍조가 찾아오며 능선에서 빛이 쏟아지며 해가 일어난다.

一萬二千峰 일만 이천 봉우리

高低自不同 높낮이가 각기 다르네

君看日輪上 그대 보았는가 해가 뜨면

高處最先紅 어느 곳이 가장 먼저 붉어지는지

—성석린成石璘의 「送僧之楓嶽(풍악산으로 가는 스님을 보내며)」

가장 위대함을 높이로 치자면 가장 먼저 붉어지는 봉우리가 큰 스승의 모습이다. 아침에 눈을 뜨면서 만뜨라를 외우며, 옷을 입으면서도 만뜨라를 놓지 않고, 일어나 밖으로 나와 계속되는 만뜨라 속에 바라보는 봉우리들. 도시에서는 경험하기 어려운 다르샨이다.

티베트불교에서는 생소한 이름들을 많이 만난다. 도대체 누구이며, 어떤 역할을 맡고 있으며, 다른 불상들과 어떻게 구별할까?

이른 아침 아직 어둠에서 벗어나지 않은 봉우리 창나 도제Changna dorje라는 이름 역시 마찬가지다. 아직 국내에는 티베트불교에 대한 갈증을 시원하게 풀어줄 정도로 깊이 있고 친절한 안내서가 많은 것이 아니기에 노력하지 않으면 알 수가 없다. 창나 도제는 손에 도제를 들었다는 의미고, 도제는 인도에서는 바즈라Vajra라 부르고 금강金剛이라는 뜻이다. 창나 도제를 산스크리트어로 이야기하면 바즈라빠니Vajrapani 혹은 바즈라다라Vajradhara로 역시 손에 금강저를 들고 있음을 말한다.

티베트불교의 다양성은 인도에서 왔기에 고대 인도의 많은 신들과 무기가 풍부하게 차용되어 힌두교 못지않게 화려하고 다양한 모습을 보인다. 티베트 고원의 황량함으로 인해 과장될 정도로 도리어 강렬한 인상을 준다.

이슬람은, 물론 내 경험이 미천하기 때문이겠지만, 아름답고, 차고 엄숙하다는 느낌을 받는다. 반면 힌두교는 역시 아름답고, 뜨거우며 산만하다는 생각이 든다. 티베트불교라고 그렇지 않을까, 아름다움이 앞에 놓이고, 자극적이며 잘못 보면 괴이한 느낌이 들 정도로 형이상학적이다.

티베트불교 족보를 따라 거슬러 올라가다 보면 인도에서 불교와 힌두교가 공존하던 시대에 이른다. 불교는 인도 사회에 기존에 자리 잡고 있었던 힌두교의 문화전통을 중생교화衆生敎化를 위해 받아들이는데, 시기적으로 대승불교를 지나 밀교에 접어들어서는 더욱 적극적이었다. 그렇다고 그대로 받아온 것이 아니라 베다에서 악한 존재였던 아수라가 대일여래-바이로차나 즉 선한 존재로 바뀌는 등, 재구성 가공되었으며, 더불어 불교교리에 따라 삼종법三種法, 사종법四種法, 오종법五種法을 새롭게 정립시켰다.

따라서 인도 신화를 알고 있으면 티베트불교의 많은 부분이 해결된다. 한동안 힌두교도로 살았던 내게는 티베트불교는 친절하며 가족사를 듣고 보는 일처럼 긴장감 하나 없이 쉬이 받아들여진다. 힌두교 아이콘에 익숙해져 있기에 이질감이 거의 없다. 힌두교 신들이 모두 복속되어 티베트불교로 들어온 것을 보면, 힌두교를 구태여 고집할 필요가 없이 보다 진화된 티베트불교에 귀의하는 일도 나쁘지 않다고 생각한 적이 있었고 강 린포체〔카일라스〕에서 실천에 옮기는 중이다.

도제〔바즈라, 金剛〕는 인도 신화에 의하면 인도의 신 인드라Indra와 유관하다. 인드라는 티베트불교로 들어오면서 인드라라는 이름을 계속 사용하며 북쪽을 수호하는 방위신이 되었고 우리에게는 제석천帝釋天으로 번역되었다.

인도 신화를 본다.

인드라 하면 우선 생각나는 것 중에 하나는 그가 들고 있는 천둥번개를 일으키는 무기로, 바지람이라 부른다.

힌두 신화에서 악마들과 몇 번의 엎치락뒤치락 끝에 궁지에 몰린 신들은 뿌루샤오타마Purusaottama의 충고에 따라 성자 다디치Dhadichi를 찾는다. 성자 다디치는 이미 나라야나, 즉 비슈누의 만뜨라로 인해 몸이 어떤 무기로도 부셔지지 않는 금강석金剛石이 된 상태였기에, 신들은 그에게 가서 무기로 사용할 수 있도록 육체를 제공해 달라고 조른다.

다디치가 말한다.

"지구상에 모든 존재들에게 육체는 가장 친근하고 가깝지 않은가? 자비를 내세우면서 육체를 달라고 한다면, 어느 누가 선뜻 내주며 무기로 만들라 하겠는가? 과거에 그런 예가 단 한 번이라도 있었는가? 아무리 힘센 자가 와서 육체를 달라 해도 거절당하지 않겠는가?"

신들은 다시 간청한다. 지금껏 이렇게 단단한 물질을 보지 못했기 때문이며 이 몸을 이용한다면 제 아무리 강한 악마도 파괴시킬 수 있으리라 예상한 탓이다.

"아량이 넓은 영혼의 소유자라면, 스스로의 육신을 내 주어도 고통은 없을 겁니다. 남을 위해 자신의 것을 내놓지 않는 사람은 이기적으로 자기만을 소중히 여기는 사람입니다. 그들이라면 피조물을 위해 한 치의 주저함도 없이 제공할 것입니다. 남을 위해 베푸는 일은 고귀한 일이기에 거절할

라싸 세라 사원에 모셔진 창나 도제. 오른손에는 세상의 그 무엇으로도 파괴되지 않는 도제를 들고 있다. 또한 도제에 의해 부서지지 않는 것은 우주에서는 아무 것도 없다 한다. 장군이라면 최고의 장군이라 본존을 모시는 이 자리에 있다.

수는 없다고 봅니다."

성자는 뭐가 달라도 다른 법. 대승의 길을 걷는다.

"맞는 말이다. 육체란 오늘 아니면 다른 날 나를 떠난다. 다른 피조물은 물론 친구를 위해 바쳐야 할 것은 바로 다르마다. 그렇지 않다면 인생은 낭비가 아니겠는가."

다디치는 수긍했다. 결코 무엇으로도 부서지지 않는 금강석 같은 몸을 남기고 자신의 아뜨만을 최고의 신 브라흐만과 합일시키며 떠나갔다. 천상의 대장장이에 해당하는 비스바까르마는 그의 뼈를 추려 강력한 무기를 만들어 인드라에게 넘겨주었으니 바로 천둥번개. 불교에서는 금강저, 바즈라 Vajra라고 하며 티베트불교 문화권에서는 바로 도제Dorje라 이야기하는 것.

티베트불교에서 도제〔바즈라〕는 결코 깨지지 않는 금강金剛을 일컫는다. 본래 이렇게 힌두교 인드라 신의 무기였으나 티베트불교 안으로 들어와 세상에서 가장 강력한 힘, 결코 깨지 못하는 힘으로 바뀌었으니 신화에서 다디치의 몸이 이제는 불교에 들어와 가장 강한 상징으로 변환되었다. 즉 힌두교에서는 전투를 위한 상대를 굴복시키는 강력한 무기지만 티베트 시선으로 정확히 풀어보자면 '견고하고, 견실하고, 분할할 수 없고, 꿰뚫을 수 없고, 타버릴 수 없으며, 불멸 그 자체' 인 것이다.

그렇다면 이런 어마어마한 것이 도대체 무엇인가?

바로 공성空性이며, 그런 공성을 금강金剛이라고 부른다.

창〔파니〕은 손이므로 창나 도제〔바즈라빠니〕는 금강을 손에 든, 즉 금강수金剛手 혹은 지금강불持金剛佛로 번역이 된다.

두 가지 중에 어느 것을 마음에 둘까

이 금강불은 통상 두 가지 의미로 사용된다.

우선 하나는 '얕은 의미' 의 창나 도제〔바즈라빠니, 바즈라다라, 금강불〕로서 우리나라 사찰 입구의 인왕처럼 불법의 수호존으로 자리 잡은 형태다. 외부의 장애로부터 내부의 소중한 다르마를 보호하기 위해 험한 모습을 가지고 최고 무기를 움켜쥔 채 눈을 부릅뜨고 있다.

다음은 '깊은 의미' 다.

1. 이제 수직으로 이어지는 스승 계보를 서술한다.

2. 연화보좌에 앉은 근본 스승 도제 창〔또는 바즈라다라〕의 머리 위로 연한 푸른색의 제췬 미라래빠가 있다. 금강인金剛印을 지은 그의 오른손은 오른쪽 뺨을 향하고, 〔무릎에 놓은〕 왼손은 평형의 자세로 감로가 담긴 인간의 두개골을 들었으며, 양 다리는 보살의 자세를 취하고, 〔몸에는〕 흰 비단을 걸쳤다.

3. 그의 위에는 라마승의 법복을 걸치고 살이 찐 담갈색의 마르빠가 있다. 그는 양 다리를 교차시키고, 양손은 평형 자세로 겹쳐서 감로가 담긴 인간의 두개골을 들었으며, 시선은 하늘 쪽을 향한다.

4. 그의 위에는 〔인도 요기의 방식에 따라〕 정수리에 머리칼을 묶은 연한 푸른색의 나로빠가 있다. 그는 머리에 인간의 두개골이 장식된 관을 쓰고, 뼈로 만든 여섯 가지 장신구를 걸쳤으며, 허리에는 인도식의 간단한 천을 둘렀다. 오른손은 영양의 뿔로 만든 나팔을 들고 탄지인彈指印을 지은 왼손은 뒤쪽의 바닥에 두었으며, 양다리는 대장장이의 자세를 취한다.

5. 그의 위에는 영광에 빛나는 위대한 띨로빠가 있다. 몸은 갈색이고, 약간 화난 것 같으면서도 웃는 표정으로 머리칼을 정수리에 묶어 그 위에 보석을 얹었으며, 흰 연꽃으로 장식된 관을 썼다. 명상용 띠를 헐렁하게 착용하고 몸은 인골 장신구로 밝게 치장했으며 허리둘레에 호랑이 가죽을 앞치마처럼 걸쳤다.

오른손은 들어 올려 커다란 황금색 물고기를 쥐고 왼손은 평형 자세로 감로가 담긴 인간의 두개골을 들었으며, 양다리는 편한 자세로 두었다.

6. 그의 위에는 보신報身의 법복을 충실히 갖춘 푸른색의 승리자 바즈라다라가 있다. 그는 양손을 가슴 앞에서 교차시켜 오른손은 금강저를 들고 왼손은 금강령鈴을 쥐었다.

7. 각 스승들은 오색 무지개의 후광 속에 앉아 있다.

—『티벳 밀교 요가』 중에서

위 인용문을 보면 숫자가 올라가면서 차례차례 과거로 사람을 거슬러 올라간다. 즉 까규바 집안의 미라래빠로부터 그의 스승 마르빠, 마르빠의 스승 나로빠, 나로빠의 스승 띨로빠까지 이어진다.

그러면 띨로빠의 스승은 누구일까?

누가 띨로빠를 지도했으며 이어서 인가했는가?

스승의 계보를 거꾸로 거슬러 올라가는 법통에서 인간 띨로빠의 스승은 사람이 아닌 창나 도제〔바즈라빠니, 바즈라다라, 금강불〕다. 여기서 창나 도제〔바즈라빠니〕는 깊은 의미로 쓰였다. 까규바의 인간 시조는 띨로빠이지만 띨로빠 이전으로 따지자면 창나 도제〔바즈라빠니〕가 시조로 티베트불교에서는 붓다가 창나 도제〔바즈라다라〕로 현현하여 몇몇 제자들에게 금강승金剛乘, 착첸〔마하무드라, Mahamudra 實相〕을 전수했다고 한다. 이것이 바로 단순히 사찰의 지킴이 수준이 아닌 깊은 의미로 거론되는 존재다.

몸을 검게 표현한 것은 본초불本初佛임을 나타내는데, 즉 분명하게 존재하고 있으나 아무에게나 보이지 않음을 상징하고, 양 손에 도제를 움켜쥔 동작은 자신의 정신력과 능력 두 가지 모두 어느 누구보다 강함을 나타낸다.

5대 달라이 라마는 히말라야를 넘어 인도로 순례를 떠났다. 영축산에 도착했을 무렵 갑자기 법문을 듣는 자세를 취하더니 오랫동안 앉아 있었다. 영문을 모르는 사람들은 그냥 묵묵히 기다릴 수밖에.

다시 제 위치로 돌아온 5대 달라이 라마.

"산 정상에 붓다가 나타나 붓다의 설법을 직접 들었다."

어떤 붓다인가?

붓다란 이미 기원전 6세기에 몸을 버리고 이 세상을 떠났는데.

바로 창나 도제〔바즈라빠니〕였다고 한다. 붓다는 창나 도제〔바즈라빠니〕로 화현하여 뛰어난 수행자들 몇몇에게 금강승金剛乘을 전수했다고 한다. 우리나라 금강수는 단순히 경호원의 지위로 많이 격하되어 있으나 티베트불교에서는 본존불로 때로는 붓다에 다름 아니다. 『이취석理趣釋』 상권에서는 '금강수보살마하살이란 이 보살은 본래 보현보살이다. 비로자나불로부터 친히 오지금강저五智金剛杵를 받았고 금강관정을 받았으므로 금강수라 한다' 며 보현보살과 같다고 하였다. 『보리장장엄다라니경』은 붓다 왼쪽에는 연꽃 위에서 두 손으로 발우를 떠받치는 문수보살을, 우측에는 역시 연꽃 위에서 금강저를 들고 있는 창나 도제〔바즈라빠니〕를 이야기하고 있으니 문수보살과 동격으로 대우하기도 한다. 그렇다고 쳐도 우리나라 문지기보다는 굉장히 높은 급이다.

창나 도제〔바즈라빠니〕 봉우리는 우리말로 바꾸면 금강봉金剛峰으로 해발

강 린포체를 중앙에 두고 우측은 창나 도제〔금강수〕 봉우리, 좌측은 첸레식〔관세음보살〕 봉우리가 자리 잡았다. 즉 우리식으로 풀자면 금강봉, 관음봉인 셈이다. 둘은 동맹결사로 합세하여 마치 쌍둥이처럼 대칭을 이룬 채 세상을 향해 자신들이 주봉을 지키고 있음을 알리고 있다. 완벽한 배치로 그 무엇도 이곳을 넘볼 수 없다.

고도 5천750미터다. 강 린포체〔카일라스〕의 우측에 자리 잡고 있으며 우측 경사면은 좌측에 비해 완만하다. 오르기 쉬워 보이는 봉우리지만 그런 생각 자체가 이미 불경이다.

지난 밤, 고향에 돌아온 듯 깊고 편하게 잠들어서인지 몸과 마음이 상쾌하다. 배낭을 맨다. 산이 밝아지고 많은 사람들이 다시 순례 준비를 시작한다. 말과 야크에는 안장과 짐이 얹히고 짐꾼들은 자신들의 막영지를 깔끔하게 정리한다. 이미 출발한 사람들도 여럿이다. 창나 도제〔바즈라빠니, 금강불〕 봉우리 좌측은 한 부분이 불룩하게 솟았으니 그것이 바로 도제일 것이다.

"옴 바즈라삿뜨바 훔."

아름다운 개념이나 종교적 심성은 내가 멈추어졌을 때 들어온다. 가만히 서거나 정좌해야 낱낱이 들어오니 그것이 아니라면 최소한 완속이어야 한다. 남들이 찬탄하는 아름다움을 똑같이 느끼고, 앞서간 구도자들이 신성함을 논한 곳에서 같은 신성을 맛보기 위해서는 속도를 아예 없애야 한다. 그렇게 바라보는 가운데 짐을 실은 야크가 지나가고 작은 구름이 산정에서 움직인다. 숨을 쉬는지 멈추었는지도 모르는 불멸의 시간. 질주본능이라는 이야기는 저급한 축생급에서 입에 올릴 수 있는 본능이며 보다 상위로 진출하기 위해서는 그 반대 적멸본능, 고요로 유도하는 정지본능이 발동되어야 하지 않겠는가. 급할 것 하나 없다. 출발을 늦게 한다고 오늘 봉우리 하나 넘는 일에 큰 문제가 생기지 않으리라.

이 삶에서 금강의 지혜를 획득하기를 바라며 이 삶에서 시간이 부족하다면 다음 삶에서 반드시 금강이 되기를 서원하며 산과 시선을 맞추는 동안 나는 이미 금강부동의 세상을 만난다.

● 20

자비 이외 아무것도 없다, 첸레식 [아바로끼떼슈바라]

경덕왕景德王 때에 한기리漢岐里에 사는 희명希明이라는 여자의 아이가, 난 지 5년 만에 갑자기 눈이 멀었다.

어느 날 어머니는 이 아이를 안고 분황사芬皇寺 좌전左殿 북쪽 벽에 그린 천수관음千手觀音 앞에 나가서 아이를 시켜 노래를 지어 빌게 했더니 멀었던 눈이 드디어 떠졌다.

그 노래는 이러하다.

무릎을 세우고 두 손바닥 모아,
천수관음千手觀音 앞에 비옵나이다.
천 손과 천 눈 하나를 내어 하나를 덜기를,
둘 다 없는 이 몸이오니 하나만이라도 주시옵소서.
아아! 나에게 주시오면, 그 자비慈悲 얼마나 클 것인가.

— 일연스님의 『삼국유사』 중에서

부디 보살피소서

● ● ●

큰물에 떠내려간다. 얕은 곳을 만나지 않는다면 죽은 목숨이다. 살고 싶다. 배를 타고 가다가 난파되어 나찰들이 우글거리는 곳에 들어갔다. 여기를 빠져나가야 한다.

죄를 지었는지 안 지었는지, 어쩌다보니 수갑을 차고 감옥에 갇히는 신세가 되었다. 이곳으로부터 나가야 하지 않는가. 귀중한 보물을 가지고 도둑이 출몰하는 숲을 지나가야 한다. 이 숲을 무사히 빠져나가고 싶은 생각 간절하다.

나는 너무 어리석다. 이 어리석음으로부터 벗어날 수 있다면.

나의 이성에 대한 애욕은 끝이 없구나. 모든 일을 방해하는 이 거친 욕정으로 벗어날 수만 있다면.

이럴 경우 어찌해야 하겠는가?

『법화경』「관세음보살보문품」에서는 관세음보살을 부르면 벗어날 수 있다고 한다. 관세음보살은 티베트어로는 첸레식Chenrezik이라 한다. 산스크리트어로는 아바로끼떼슈바라Avalokiteshvara로 자재로운 관찰〔觀自在〕을 통해 세상을 두루 살핀다는 의미다.

저렇게 나열된 험한 상황을 빠져나가고 싶은 다급할 경우, 사람들에게 자신을 급하게 부르라고 한다.

"관세음보살, 관세음보살, 나무관세음보살."

관음觀音 혹은 관세음觀世音은 관자재와 같은 의미로 세상의 소리〔音〕를 보고 듣는바〔觀〕, 고통 받는 중생이 자신을 애타게 찾는 소리를 듣고 신속하게 찾아가 구제하겠다는 뜻이다.

밧타차르야Bhattacharya는 이렇게 말한다.

"다음과 같은 이야기가 있다. 열반을 획득한 후 관자재보살이 수미산 꼭대기에서 이제 막 영원한 순야타〔空〕 속으로 몰입하려 할 때였다. 이때 매우 먼 곳으로부터 소란스러운 소리가 들려와 연민을 느끼게 되었다. 그는 거기 앉아서 강렬한 명상에 들어가, 그 소란이 자비의 권화인 관자재보살의

옴마니밧메훔은 첸레식[관세음보살]에게 바쳐지는 만뜨라. 강 린포체[카일라스] 일주하는 길에서 가장 많이 만나는 문자이기도 하다. 보이면 읽어라. '옴마니밧메훔' 그것도 반드시 세 번을 읽어라. 마음에 남겨지는 진언의 긴 여운. 그것을 외복삼아 몸에 걸치고 세상의 길을 걸어라.

사라짐을 비통해하는 울부짖음임을 곧바로 알았다. 세상의 불행과 고뇌부터 자신들을 구제해줄 유일한 존재인 관자제보살의 도움을 잊어버리게 될 때, 자신들이 얼마나 의지할 곳이 없이 무력하게 될 것인가를 염려하며 그들은 비통한 울부짖음을 허공에 날렸던 것이다. 관자재보살은 이것을 알고 마음이 크게 흔들렸다. 그는 지상에 있는 한 사람이라도 해탈하지 못한다면, 자신은 능히 해탈하였다 해도 그마저 결코 받아들이지 않겠다고 결심했다."

관자재보살은 이리하여 강 린포체〔카일라스〕 정상에서 다시 이 세상으로 되돌아왔다.

첸레식〔아바로끼떼슈바라, 관세음보살〕 봉우리는 강 린포체 북벽의 좌측에 자리 잡은 봉우리 이름으로 해발 5천675미터가 된다. 우리 식으로는 관음봉觀音峰으로 우측으로는 너덜지대를 가지고 있으며 정상에는 우뚝 솟은 큰 바위 하나가 서있다. 봉우리는 강 린포체〔카일라스〕 정상에서 순야타로 진입하려다가 다시 되돌아 내려와, 중생을 보살핀다는 의미로 바로 저 자리에 서 있다. 고맙지 아니한가.

내 고향은 산정상까지 꽃소식으로 소란할 시간인데 이곳은 울퉁불퉁한 산정 주변으로 녹지 않은 눈 무더기들이 여기저기 자리 잡았다. 강 린포체〔카일라스〕를 가운데 놓고 형상이 유사한 창나 도제〔바즈라빠니〕와 서로 마주 보고 있으며 둘이 닮은꼴이라 중앙 주봉을 더욱 돋보이도록 만들어낸다.

가끔 경전을 더듬다가 즐거울 때가 있다.

諸佛世尊以大悲爲力弘益衆生故

'큰 자비를 힘으로 삼아 중생을 이익 되게 한다'는 의미로 여기서 즐거움을 준 부분은 다름 아닌 홍익중생弘益衆生이라는 단어다. 홍익인간弘益人間은 소위 대한민국의 건국이념이기에, 우리나라 사람이라면 귀에 못이 박히고, 눈이 어릿하도록 많이 만난 단어다. 그런데 홍익 뒤에 바짝 붙은 것은 인간人間이 아니라 중생衆生이다. 중생이란 사람만 지칭한다고 생각하면 큰 오해로 생명〔生〕을 가진 것들 모두〔衆〕를 일컬으니 육도의 모든 존재들을 지칭하는 말로, 논에서 울고 있는 개구리, 설악산 공룡능선의 다람쥐도 중생이며, 저기 아수라, 아귀까지 중생이다.

"諸佛世尊以大悲爲力 弘益衆生故"는 원효스님의 『기신론소起信論疏』에 나오는 대목으로 대충 풀어보자면 "모든 붓다는 큰 자비를 힘으로 삼아 중생을 이익 되게 한다"는 이야기다. 여기서 자비의 힘이 닿는 자리는 사람뿐 아니라 모든 생명이므로 이런 대목을 만나면 의식의 지평은 가없이 넓어진다.

겨우 어눌한 나 하나?

겨우 가족 하나?

겨우 민족 하나?

겨우 사람에 한해서?

이렇게 하나하나 넘어서 우주의 끝까지 자비가 펼쳐지니 자비동체다.

관세음보살.

이렇게 말하면 다른 종교를 가진 사람들에게는 참 고루하고, 지나치게 종교적이고, 불교냄새가 풍겨 그렇고 그런 명호지만, 관세음보살이 이런 일의 대표주자다. 관세음보살이 내키지 않는다면 '홍익중생' 이라 불러도 큰 상관없으니, 다만 열심히 닮으면 된다. 또 홍익중생이라는 단어 역시 썩 내키지 않는다면 아바로끼떼슈바라를 여러 번 반복해도 좋으니 이 단어를 천천히 발음하면 입안에서 환한 빛이 터지는 기분이 든다.

아바로끼떼슈바라.

옴 아바로끼떼슈바라.

옴 나모 아바로끼떼슈바라.

중생이란 이렇게 인간보다 폭넓은 개념이며 사람은 물론 6도 윤회에 속한 모든 존재에게 나타나므로 성관음聖觀音＝正觀音, 십일면관음十一面觀音, 천수천안관음千手千眼觀音, 불공견삭관음不空羂索觀音, 여의륜관음如意輪觀音, 마두관음馬頭觀音 이른바 변화관음, 이렇게 여섯 가지 관음으로 현현한다.

더불어 중생들의 근기에 따라 32가지의 모습으로 나타나기도 한단다.

佛, 獨覺, 緣覺, 聲聞, 梵王, 帝釋, 自在天, 大自在天, 天大將軍, 四天王, 四天王太子, 人王, 長孝, 居士, 宰官, 波羅門, 比丘, 比丘尼, 優婆塞, 優婆夷, 女主 國夫人, 命婦, 大家, 童男, 童女, 天, 龍, 夜叉, 乾闥婆, 阿修羅, 緊那羅, 摩睺羅伽 사람 非人

말하자면 붓다의 모습으로 나타나는가 하면, 때로는 사람의 모습으로, 심지어 아수라의 모습으로까지 나타나 구제에 앞선다는 이야기. 첸레식[아바로끼떼슈바라] 눈에는 인간이나 아수라나 모두 똑같은 자식이다.

이런 이름을 가진 봉우리가 강 린포체〔카일라스〕를 보좌하고 있다는 것은 기막힌 생각이다. 티베트불교의 두 축 중의 하나는 순야타〔空性〕이며 다른 하나는 바로 카루나〔慈悲〕이기에, 공성을 상징하는 창나 도제〔바즈라빠니〕와 자비의 현현 첸레식〔아바로끼떼슈바라〕이 함께 있음은 이제 더 이상의 말은 불필요, 할 말 다한 것이다. 이 자리가 바로 순례길의 핵심 중의 핵심이다.

봉우리를 바라보면서 만뜨라를 외운다. 티베트 사람들은 32가지 모습에 더해서 저렇게 산봉우리 하나를 더 추가했으니 33가지가 된다.

"관세음보살, 관세음보살, 나무관세음보살."

내 무엇을 바라고 허리를 굽히면서 만뜨라를 외우겠는가.

자비. 오로지 자비심이 가득하도록 합장한다. 나 자신을 위해 주변의 것들을 이용하고 희생시키는 일이 옳은 것일까, 아니면 다른 존재들의 행복을 위해 내가 이용되는 것이 바른 일일까.

하下와 중中과 상上. 이렇게 세 가지 중생을 알아야 하네.

그들의 특징을 명확히 하고 각각의 구별을 묘사하리라.

그 어떤 경우이건 윤회(를 일으키는)의 행복만을 추구하며

자신의 이익을 염려하는 자.

그런 자를 하사下士라 하네.

윤회와 행복에 등을 돌리고 도덕적 악에서 자신을 멀리하며

자신의 적멸만을 추구하는 자.

그런 자를 중사中士라 하네.

자신이 받은 고통을 소멸시키듯

다른 사람의 모든 고통이 완전히 사라지기를 희구하는 자.

그 자는 상사上士이다.

—『보리도차제광론』

티베트불교의 교과서 격인 『보리도차제광론』에서 나오는 이 이야기 참 무섭다. 우선 중생에게는 상, 중, 하가 있다는 이야기고 주변을 살펴보면 정말 옳다.

여기서 하사는 '윤회의 행복만을 추구' 한다고 말한다. 풀어내면 자신이 행복을 추구하지만 그 행복이라는 게 바로 윤회를 일으키는 근본적인 힘이 된다는 말. 그리하여 그 행복이란 게 사실 행복이 아닐 터이니 행복하다면 근원을 살펴보고 부질없다면 팽개쳐버려야 이제 하사에서 중사가 된다. 인간사 행복을 가져다준다고 추구했던 것들이 과연 영원한 행복을 주는가.

중사는 자신만 돌본다는 이야기다. 자신의 깨달음에만 몰두하고 아라한에 이르렀으되, 자비심은 모자란 부류가 되겠다. 그렇지만 여기까지 가기도 보통 어려운 일이 아니다. 상사는 말할 것도 없겠다.

세상은 어찌하다가 하사들이 큰소리치는 판이 되어 있다. 호주머니의 무게를 바탕으로 하사가 중사를 꾸짖고, 상사를 모독하니 하극상이다. 개인이 아니라 나라로 치자면 눈[雪]의 나라 이 땅은 바로 상사의 나라지만 중국이라는 하사가 상사를 침범했기에 돌아보면 역시 하극상이 된다.

그러나 이 이야기가 더욱 무서운 것은 내 자신을 스스로 되돌아보았을 때다.

도대체 나는 어디에 점을 찍을 수 있나[點心]? 하사? 후하게 쳐서 중사?

애처롭구나, 내 모습, 아직 그 자리인가. 이런 내게는 32가지 중에 어떤 모습의 첸레식[관세음보살]이 나를 구제할까.

얼굴이 11개나 된 이유

티베트의 건국신화는 첸레식[아바로끼떼슈바라]과 관계가 있다. 첸레식[아바로끼떼슈바라]은 이미 쩨빡메[아미타붓다] 앞에서 세상의 모든 존재 특히 티베트에 거주하는 모든 존재들이 해탈할 때까지 구제를 멈추지 않을 것을 맹세한 바가 있다.

그는 맹세가 실현되기 전까지는 자신이 해탈에 들지 않기로 하고, 만일에 한 순간이라도 이 생각을 잊는다면 자신의 몸이 갈라 터져나가도 좋다고 서원하게 된다. 그는 쉼 없이 티베트 생명들을 위해 노력했다. 어느 날 포탈라 위에서 내려다보니 아직도 많은 존재들이 고통 속에서 몸부림치고 있는 것이 아닌가. 그 고통을 바라보는 순간, 첸레식[아바로끼떼슈바라]은 그들을 구제하겠다는 생각을 잠시 내려놓고 자신도 모르게 장탄식하게 되자, 서원 역시 약속, 몸이 산산조각으로 쪼개져 나가기 시작했으니 너무나 심한 고통으로 비명을 지르기 시작했다. 비명을 들은 쩨빡메[아미타붓다]가 찾아와 마구 조각나 흩어진 그의 몸을 이리저리 모아 11개의 머리와 눈이 달린 1천개의 팔로 다시 짜 맞추어 주었고, 이제 많아진 머리, 눈, 손을 통해 한시도 쉬지 않고 더욱 열심히 많은 생명들을 구제할 수 있게 되었다. 밧타차르야 이야기와 거의 일치하지만 강 린포체[카일라스]가 아닌 포탈라로 위치가 바뀌어 있고 머리 역시 11개라는 정확한 숫자를 말한다.

이런 이유로 티베트 사람들에게 가장 인기 있는 첸레식[아바로끼떼슈바라]은 11면, 즉 얼굴이 11개인 관음보살이다. 더구나 이 십일면관음보살은 첸레식[아바로끼떼슈바라]의 여러 형태 중에 가장 먼저 티베트에 도입되었기에 티베트에서 인기도 1위, 인지도 1위다.

티베트불교에서 관음상은 일찍이 공양신으로 중요한 위치를 차지하였는데, 관음의 여러 형상 중 십일면관음이 가장 먼저 전래되었다. 『서장왕통기西藏王統記』에 의하면 불경 번역이 시작되면서 송찬간포松贊干布, 617~650는 자신의 본존불을 찾기 위해 승려를 남인도 등지에 파견을 하여, 십일면관음 등의 상을 가지고 왔다. 그러므로 십일면관음 도상은 늦어도 7세기에는 티베트에 전래되어 찬보贊普왕의

첸레식[관세음보살]의 다양한 모습 중에 머리가 11개인 십일면 불상이 티베트에서 가장 인기가 있다. 송짼감뽀의 주존불이었기 때문에 초기부터 널리 확산되었다. 머리가 왜 11개나 되었을까, 알아보는 가운데 괴이함이 눈 녹듯이 사라지면서 두 손이 이마 높이에서 조용히 모아진다.

본존신으로 공양을 받았던 것이다.

—리링〔李翎〕『십일면관음상十一面觀音像 도상圖像 연구』 중에서

즉 송짼감뽀 왕에 의해 남인도에서 수입되었으며 한 나라 왕의 본존불이었으니 너도 나도 따라하면서 티베트 전역에 강력한 힘을 가지고 퍼져나갔으리라. 티베트 사람들은 송짼감뽀를 첸레식〔아바로끼떼슈바라〕의 화신으로 생각하며, 겔룩빠의 달라이 라마는 바로 송짼감뽀가 다시 태어난 것으로 생각하니 역시 역대 달라이 라마 모두는 첸레식〔아바로끼떼슈바라〕이라는 이야기다.

머리는 마치 둥근 선인장이 자라나듯이 횡렬식으로 위로 올라가며 머리가 차차 작아진다. 11개의 머리를 대충 본 사람이라면 얼굴표정을 알 수 없으리라. 잘 살피면 얼굴이 몇 가지로 나뉜다. 『불설십일면관세음신주경佛說十一面觀世音神呪經』에 이 얼굴에 대한 설명이 있는바, 앞의 세 얼굴은 보살, 좌측 세 얼굴은 보살이되 화난 얼굴, 우측 세 얼굴은 보살이면서 하얀 치아를 드러낸 상태, 뒤쪽 보살 하나는 크게 웃는 모습, 머리 꼭대기에는 붓다의 얼굴을 둔다. 즉 맨 윗부분이 붓다이기에, 11면 관음보살을 바라볼 때마다 사찰에 가면 가장 먼저 붓다를 모신 대웅전을 참배하고 이어 다른 전각을 찾는 것처럼, 가장 큰 얼굴 혹은 제일 윗부분을 바라보고 나머지를 바라보는 일이 옳은 방법이다.

한편 손은 두 개도 있고 네 개, 여덟 개 등등 여러 종류가 있다. 인도 초기와 중국 초기에는 손이 두 개였지만 티베트 것들은 위력에 따라 손이 많

아진다는 이야기에 따라 그 숫자가 차차 많아졌다.

나도 따라서 자비심으로 채워보자

첸레식[아바로끼떼슈바라] 봉우리 역시 십일면불을 바라보듯 가장 정상부를 바라본 후 천천히 아래를 더듬는다. 따뜻한 기운이 스며있는 산괴다. 송짼감뽀의 시선이 저러했을까. 티베트 스님 한 분은 내게 '공성空性의 지혜를 파악하고 자비로운 마음을 내야 한다'고 주문하시며 툽뗀랍쎌이라는 법명을 주셨다. 툽뗀Thubten은 붓다의 가르침이며 랍쎌은 바른 해석[明解]이기에 앞으로 그 이름대로 살아보라는 권고이겠다.

현재 일본 게이오 대학 명예교수인 이즈쓰 도시히코는 이런 이야기를 했다.

"모든 유有에는 비유非有가 침투한다. 비유非有가 침투하면 유有는 더 이상 유有가 아니다. 그것은 유有의 흔적痕迹이다."

복잡하다. 그러나 이 말 참 멋지다. 모든 존재들에게는 자신의 독창적인 것이 없으니 역시 나라는 유有 역시 나 아닌 요소들이 침투하면서 차차 변해간다. 씨 하나가 꽃을 피우고 열매를 맺어가는 과정을 보면 대지, 빗물, 하늘, 태양, 달빛, 바람 등등, 모든 것과 단 한 순간도 분리된 적은 없이 바깥 것들을 받아들이며 성장했다.

나는 너희다.

너희는 바로 나다.

이렇게 말할 수 있다.

더불어 나라 생각하는 나는 이미 내가 아니며〔無常〕, 오늘의 나는 어제의 내가 아니라 흔적일 따름이며 나는 이렇게 시시각각 나라 주장할 만한 독창성이 없기〔無自性〕에 공空하며, 더불어 내 안에는 항상 비현재非現在가 있으며 나는 비현재 즉 과거의 흔적이라는 말씀이다.

초기 원시불교에서는 '모든 것이 덧없다'는 무상을 주로 이야기했다. 그 후 대승불교에서 이 이야기의 뜻을 그대로 받아 발전시키면서 덧없다는 것은 '항구적인 실체가 없음'으로 또한 '모든 것이 서로 의존하며 독립적으로 존재함은 없음'을 이야기한다. 이것이 공성이고, 공성을 아는 자리에서 지혜가 싹트기 시작한다.

자비 역시 이렇게 공성을 파악하는 자리에서 스스로 나온다. 홀로 있는 것이란 없으며 다른 것에 의존하고 있기에 사방 모두에게 자비롭지 않으면 안 된다. 자비를 펼치는 일이 나에게 잘하는 일과 무엇이 다르겠는가.

『보리도차제론』에 의하면 자비를 증강하는 두 가지 방법이 있는바, 하나는 지모知母이며 다른 하나는 자타상환自他相換. 전자는 찬드라끼르띠〔月稱〕와 싼타락시따〔寂護〕 등에 의한 방법이고, 후자는 나가르쥬나〔龍樹〕에서 샨티데바〔寂天〕로 이어진 법맥이다.

지모는 말 그대로 어머니임을 아는 것으로, 우리는 수없는 윤회의 시간 속에 모든 중생이 한번쯤 자신의 어머니였으며, 미래에도 자신이 어머니가 될 것임을 생각한다〔知母〕. 또 어머니의 은혜를 생각하고〔念恩〕, 은혜로운 어머니를 보살피지 않음을 부끄럽게 생각하며(눈멀어 비틀거리며 삼악취의 벼랑으로 가는 어머니를 그 아들이 아니면 누가 구해주랴)〔報恩〕, 모든 중생이 안락하기를 바라고〔慈心〕 그들이 고통에서 벗어나기를 비심悲心을 일으켜 바란다〔修悲〕. 이런 마음을 더욱 열심히 키우며〔强化〕, 마지막으로 일체 중생을 구제하겠다는 서원〔菩提心〕까지 7단계를 거쳐 간다.

다시 살펴보자면 어머니는 즉 불법佛法이며 보디삿뜨바다. 보디삿뜨바로 나가는 자비의 길이란 바로 평소 어머니의 역할인 자식을 사랑하고 무조건 포용함에 있음을 알고〔知母〕, 그런 어머니 은혜를 생각하는 것이니, 일체를 포함하고 있는 것이 공空이라면, 살펴보자, 공이란 자비의 도덕적인 이름이다.

자타상환법은 입장 바꾸기로 자신을 타인으로 삼고 타인을 자기 자신으로 삼으니, 타인을 위한 마음으로 바꾸는 것. '이 산에서 보던 저 산이, 저 산에서 가면 이 산이 되듯' '남이었던 부모의 정과 혈이 내 것이 되듯이' 살피는 것. 14대 달라이 라마에 의하면 '누군가에 의해 개가 걷어차이는 모습을 보았다면 어느 수준 정도 깨달은 사람이라면 비록 그가 신체적으로 구타당한 것은 아니지만 걷어차이는 고통을 함께 느낀다' 고 하며, '작은 벌레가 죽임을 당하는 모습에서 동일한 전율을 느낀다' 고 했다. 자타상환 표현의 대표적인 실례다.

나를 살펴본다.

만일 내 어머니가 혹은 자식이 질병에 걸려 고통을 받거나 누구에게 상해를 받는다면 비슷한 고통을 느끼겠지만, 한 집 두 집 건너 그런 일이 생긴다면 자비의 마음이 일어나겠는가. 그냥 뉴스 수준에서 크게 벗어나지 않으리라. 이러하니 아직 길이 끔찍이 멀다.

> 나는 의지할 데 없는 이들의 안식처가 되리라.
>
> 나는 배고픈 이들의 먹을 것이 되리라.
>
> 나는 험한 물을 건너고자 하는 이들의 다리가 되리라.
>
> —샨티데바

스스로 생각하기에도 나는 자비가 많이 모자라다. 힌두교의 개인적인 해탈, 신과의 합일 등에 천착했던 시간에 따른 당연한 결과일지 모른다. 이제는 힌두교에 발을 빼고 티베트불교로 시선이 깊이 들어가는바, 첸레식을 깊이 닮아야 한다고 결론을 내린다. 첸chen은 눈〔眼〕, 레re는 눈의 한 구석, 식zig은 보는 것을 의미하기에 첸레식은 자비로운 눈을 가진 붓다가 중생이 원하는 것을 본다는 아름다운 이름이다.

그런 눈을 가질 수 있을까? 심안心眼을 넘어 불안佛眼을 가지는 날이 올 수 있을까? 봉우리에서 눈을 살펴본다.

"옴마니반메훔."

첸레식〔아바로끼떼슈바라〕 봉우리를 중심으로 좌측에는 창나 도제〔바즈라빠니〕 우측에는 잠양〔만주스리〕이 자리 잡는다. 이렇게 창나 도제, 첸레식, 잠양의 삼존불을 릭숨 곤뽀Rig sum gonpo라 부르며 특별한 의미를 주는바, 이 셋은 모든 세상 과거, 현재, 미래를 의미하며 모든 붓다의 몸〔身〕, 이야기〔口〕

뜻[意]을 상징한다.

모두 깊은 의미를 가진 봉우리 앞에 내가 서 있다. 앞으로 무엇을 해야 하는지, 어떻게 살아야 하는지 봉우리들이 조용한 파장으로 권유한다.

알면 알수록 해야 할 일들이 늘어난다.

◉ 21

내 사랑, 잠양[만주스리]

소경이 이끄는 자 없이 수만 리를 혼자 간다면
길을 모르니 어찌 고향에 이르리.
다섯 가지 바라밀에 '지혜'가 없다면
눈이 없는 것과 같아
길잡이가 없으니 깨달음을 얻지 못하리.

—『섭바라밀다론』

플레이보이 정신을 발휘하자

● ● ●

진정한 플레이보이는 어떤 조건을 가지고 있어야 하나?

여러 조건을 나열할 수 있으나 그 중 하나는 이것이리라.

한 번에 한 여자만을 사랑해야 한다.

엉뚱하다. 그러나 맞긴 맞는 이야기다. 이유는 동시에 여러 여자를 사랑하는 일은 진정으로 하나에 몰두하지 못하게 되니, 그것은 사이비 플레이보이나 하는 짓이지 진정한 플레이보이가 하는 행동이 아니다. 진짜들은 훗날 여자와 헤어져도 손가락질을 받거나 욕을 먹지 않으며, 그 사람 이야기가 나오면 여자들은 도리어 옛 생각으로 아스라한 표정과 감정을 일으키며 정말로 사랑 받았다고 회상하게 된다. 그 정도로 한 번에 하나씩 몰두하라는 이야기다.

단언컨대 잠양[문수보살]은 보디삿뜨바 중에 가장 우아한 모습을 가진다. 평소 사자를 타고 다닌다. 꿈붐 사원에서 만난 잠양[문수보살]의 벽화. 사자와 함께 기념촬영에 응하는 모습이다. 나의 이담인 잠양[문수보살], 내가 잘해야 잠양[문수보살]의 체면이 살 수 있으리라. 앞으로 더욱 잘 하라며 은근한 압박을 날린다.

하여 플레이보이가 비록 금전적으로 사기를 쳤다 해도 여자들은 고발할 생각이 전혀 없고, 설혹 경찰서에 나와 진술하더라도 지나간 애인이지만 불리한 진술은 하지 않는다는 거다.

이 글을 읽어보자.

나는 절대 대중을 돌보지 않고, 개인들을 돌본다. 나는 한 번에 오직 한 사람만을 사랑할 수 있다. 꼭 한 사람, 한 사람, 한 사람씩만, 그렇게 시작한다.

읽은 책의 기준이라면 플레이보이 정신이다. 프로급이 아닌가.

나머지를 본다.

아마 내가 그 한 사람을 택하지 않았다면 나머지 4만 2천명도 선택하지 못했으리라. 모든 일이 다만 대양 속의 물 한 방울일 뿐이다. 하지만 내가 그 한 방울을 떨어뜨리지 않았다면 대양은 그 한 방울 물만큼 모자랄 것이다. 당신에게도 마찬가지다. 당신의 가족, 당신의 교회, 당신의 사회도 다 마찬가지다. 그냥 시작하라, 하나씩, 하나씩.

플레이보이 정신이라고 예를 들었지만 이것은 방향이 다른 대승의 정신이다. 이 글의 주인공은 바로 인도에서 아무도 돌보지 않은 상태에서 죽어가는 사람들을 사랑으로 돌본 성녀, 어머니, 마더 테레사다.

봉우리 앞에서 눈을 감고 만주스리를 맞이하는데 갑자기 이 생각이 난다. 내가 힌두교에서 불교로 관심을 바꾸어 나가면서 지극히 사랑하고, 가장 자주 가슴에 떠올리며 손을 내밀었던 존재는 바로 이 만주스리였다. 문수보살은 산스크리트어 만주스리를 한역漢譯한 것으로 문수사리文殊師利, 문수시리文殊尸利, 묘덕妙德, 묘수妙首, 묘길상妙吉祥이라는 여러 이름을 가지고, 대지大智 즉 깨달음의 상징으로 현현한다. 티베트어로는 잠양Jamyang 혹은 잠벨양Jampelyang이다. 첸레식 봉우리 좌측으로 서 있는 잠양[만주스리] 봉은 해발 5천835미터, 다소 밋밋한 형상으로 우리말로 하자면 문수봉文殊峰이 되겠다.

잠양[만주스리]은 불상 셋을 모시는 삼존불의 경우 중앙불의 좌측에 자리하여 지혜를 상징한다. 『다라니집경』에 의하면 몇 가지 특징을 가지고 있으니, 몸은 모두 백색이고 머리 뒤에는 광光이 있고, 머리에 5지智를 상징하는 오발관五髮冠을 쓰며 손에는 청련화青蓮花나 칼을 들어 무지를 잘라내는 지혜와 위엄 그리고 용맹을 나타낸다. 또한 사자 위에 올라타기도 한다.

티베트에서는 첸레식〔아바로끼떼슈바라〕 즉 관음보살觀音菩薩과, 잠양〔만주스리〕 즉 문수보살文殊菩薩이 대중적으로 절대적인 지지를 얻고 있으며 겔룩빠의 개창자인 쫑카빠Tson kha pa, 1357~1419는 잠양〔만주스리〕으로부터 발현되었다고 믿고 있다. 그렇다면 쫑카빠를 탱화 혹은 불상으로 제작 안치할 때 무엇을 들고 있는지 안 보아도 알 수 있으니 바로 잠양〔만주스리〕이 들고 있는 것과 똑같은 칼과 연꽃 혹은 경전을 든다. 잠양〔문수보살〕의 화신이라고 여겨지는 샨티데바를 비롯한 모든 고승들 역시 이런 식으로 표현된다.

봉우리를 향해 합장한다.

내 사랑 잠양〔만주스리〕.

강 린포체〔카일라스〕를 준비하면서, 더불어 히말라야 특히 시킴 히말라야를 전후해서 티베트불교 공부를 했다. 특히 칸첸중가 지역을 다닐 때는 불교가 인도에서 발생한 종교며 보디삿뜨바인 잠양〔만주스리〕이 인도 출신임에도 불구하고 거처가 중국 우타이산〔오대산〕이라는 사실을 믿기 어려웠다. 이때 경전을 살피자니 위대한 다섯 가지의 보석이라는 의미를 가진 칸첸중가 일대가 잠양〔만주스리〕의 성지처럼 느껴져 문헌을 조금 더 열심이 찾아 나섰다가 티베트불교 공부가 자연스럽게 이루어졌고 더불어 잠양〔만주스리〕의 매력에 깊이 빠져들었다.

나는 물을 건너가며 말을 갈아타는 사람이 아니다. 지금 물을 건너고 있는 와중에 잠양[만주스리]에서 첸레식[아바로끼떼슈바라]으로 바꾸지는 못한다.

"지심귀명례 대지문수사리보살至心歸命禮 大智文殊舍利菩薩."

하나를 완벽하게 사랑하고 이해하고 때로는 하나가 되어보기도 한다면 이제 다른 사랑도 허락할 수 있겠다. 진정한 플레이보이라면.

나는 그렇지 못한 재목이라 마치 염주를 손에서 떨어지지 않게 움켜쥐고 있듯이 훗날 근본 스승이 나타나 이담을 줄 때까지 잠양[만주스리]을 관상할 것이다. 그렇다고 첸레식[아바로끼떼슈바라]의 장점을 외면한다는 이야기는 아니다.

사랑하는 존재를 늘 마음속으로

누구를 사랑한다고 치자. 정말 낮이고 밤이고, 밥 수저를 들건 내려놓거나, 상대의 생각으로 머리가 가득 찬다. 잘 때라고 안 그럴까, 꿈속에서도 열렬하다. 그걸 방향을 바꾸어 사람이 아니라 붓다 혹은 보디삿뜨바의 하나로 바꾸어 놓고 보면 낮이고 밤이고 잠양[만주스리] 생각뿐이 된다. 시킴 히말라야를 가고 오면서 돌아와서도 이렇게 잠양[만주스리] 생각을 할 수 있는 지점까지 해보았다.

우리 불교에서 스승은 제자에게 화두話頭를 준다. 선가에서 내려오는 1천700개가 넘는 공안 중에 하나를 골라 그것을 베고, 물어뜯고, 쪼고, 그야

말로 환장하라고 던져준다. 그러나 아무렇게나 주겠는가. 다 근기에 맞춰 적절한 화두를 내려주며 그 외 다른 화두는 필요하지 않기에 오로지 하나만 가지고 죽기 살기다.

티베트불교에서는 중국이나, 우리나라 불교처럼 화두를 가지고 수행하지 않는다. 심상화, 시각화라는 것이 있어 마음으로 성스러운 어떤 세계를 그리고 만드는 것으로 대신한다. 티베트 말로는 데첸 룬둡 최꾸 케잉이라 하며, 이 과정에서 스승이 제자에게 내려주는 것으로는 수호존守護尊 이담 Yidam, Idam이라는 것이 있다. 수행자를 보호하고, 정진을 도와주며, 영적 진보를 일으키는 본존불本尊佛로 그와 합일하는 경지까지 나가야 한다. 관세음보살, 문수보살, 따라보살 등등이 이담의 역할을 맡으며 현재 이담이라는 단어는 번역하지 않고 그대로 사용한다. 즉 김치를 야채반찬, 매운 양념에 절인 소금배추 등등으로 풀어보아야 멀어지기 때문에 김치는 그냥 김치이듯이 이담은 그대로 이담으로 말한다.

말은 쉽지만 스승이 제자에게 이담을 내려주는 과정은 비밀스럽고 복잡해서 문외한이 쉽게 이야기할 수 있는 것은 아니며 이 역시 화두 공부 때와 마찬가지로 계행을 반듯하게 지켜가며 스승이 정해준 이담 하나만으로 때에 이르기까지 정진을 거듭하게 된다.

한 젊은이가 구루에게 찾아가서 마음집중 수련을 청했다.

구루가 물었다.

"자네가 하는 일이 무엇인가?"

"야크를 키웁니다."

잠양[문수보살]은 지혜를 상징한다. 티베트불교의 두 개의 축은 지혜와 자비이다. 즉 순야타[공성]에 관한 지혜를 파악하고, 그 지혜가 이루어지면 그 다음에 자비가 뒤따르게 된다. 잠양[문수보살]은 맹목으로 가는 길을 막아선다. 남을 밟고 위로 오르려는 지식으로 가득 찬 속물에서 빗겨나가는 모습을 기꺼이 알려준다. 잠양 봉을 바라보는 마음. 이제 우리 모두가 점점 더 지혜로워지기를.

"좋다, 야크에 대해 명상해라."

이상한 것 같지만 그 청년에게는 야크가 집중하기 제일 좋은 대상이었다. 젊은이는 스승의 이야기에 따라 동굴에 들어가 야크에 대해 집중하며 명상했다.

시간이 지난 후, 구루는 동굴 앞에 가서 이제 제자가 된 젊은이를 불렀다. 그는 명상에서 깨어나 밖으로 나오려고 했으나 입구가 너무 작아 보였다. 스스로 이미 야크와 합일이 되어 자신이 야크라고 생각한 제자, 그 큰 몸집으로 동굴 밖으로 나갈 수 없었다.

그는 동굴 안에서 외쳤다.

"뿔 때문에 나갈 수 없어요!"

스승은 기뻐했다. 제자가 첫 단계를 넘어선 것이다.

비슷한 이야기가 많다.

한 스님은 구루로부터 이담을 받는다. 이담은 바로 구루 자신이었다.

구루는 말했다.

"구루에 대해 명상하고, 늘 머리 위에 모시고 다닌다고 생각하라."

수행은 잘 진행되었다. 평소에도 이담인 구루를 머리에 얹고 다니는 무아경 경지까지 들어갔다. 어느 날, 길을 가다가 돌에 걸려 넘어졌다. 그러나 그 무아경은 깨어나지 않아 스님은 구루에게 큰 소리로 사죄하며 일어났다.

"용서하십시오, 스승님. 제가 부주의해서 스승님을 땅에 떨어뜨린 모양입니다. 죄송합니다. 어디 다치신 곳은 없는지요."

착한 제자는 무아경 속에서 스승을 찾느라 한동안 두리번거렸다.

심상화를 통해 여기까지 오면 이제 다음 단계가 기다린다.

티베트불교가 자신들의 수행방법이 대승불교의 화두보다 더 빨리, 세상의 어느 불교의 수행방식보다 가장 빨리 성불할 수 있다고 주장하는 근거는 어디 있을까. 그것은 마음을 멈추는 명상〔止〕과 함께 분석적 명상〔觀〕을 하는 관상觀想 단계〔生起次第〕와 몸안의 생명의 기운을 이용하는 완성 단계〔圓滿次第〕를 단계적으로 수행하는 방법을 통한다고 한다.

즉, 티베트불교의 수행을 간추리자면 이런 이담을 통한 관법, 만뜨라〔진언〕, 그리고 요가수행과 같은 육체 에너지의 숙련이다.

처음 명상을 해보았던 곳은 인도였다. 반가부좌로 앉아 얼음처럼 차가운 강물이 히말라야에서 내려오는 갠지스 강가에 앉아 눈을 반쯤 감았다. 참 대단했다. 다만 눈을 감았을 뿐인데 얼마나 많은 생각들이 쓰나미처럼 덮쳐오는지 모를 지경이었다. 문제는 한 번 휩쓸리면 휩쓸리고 있는지도 모르고 그 안에서 화내고 기뻐하고 슬퍼하다가, 다시 아차, 되돌아 나오고.

내가 이토록 산만한 인간이었던가? 도대체 내 생각이란 것을 내가 마음대로 할 수 없어 이 혼란에 빠진다는 말인가? 도대체 어디서부터 이것을 해결해야 가능한 일일까? 왜 이렇게 들떠 있거나 침울한 것일까?

이렇게 온갖 사념 안에서 이리저리 시달렸으니 자세라고 편했을까. 저리고, 쑤시고, 아프고, 땅기고, 차갑고, 어디는 뜨거우며, 멀쩡하던 곳이 가볍고, 멍청해지다가 졸리고…….

그렇다고 포기하거나 멈출 수 있었던가, 누가 시키지도 않았는데 수시로 자리 잡고 앉아 명상을 했다. 자꾸 길길이 날뛰는 마음을 코끝에, 아랫배에 잡아두었고 시간이 길어지면서 차차 희망이 찾아왔다.

할 수 있구나!

더불어 망상이 일어나는 순간을 알지 못하고 한참을 떠내려갔으나 차차 그것들이 일어나고 사라지는 순간들이 보이기 시작했다는 점. 아직은 미흡하기 짝이 없으나 번뇌가 일어나는 일은 두렵지 않고 다만 늦게 알아차리는 일이 두려운〔不怕念起 只恐覺遲〕 자리까지 그럭저럭 왔다. 고맙지 않은가. 천주교에서의 기도방법을 택했으면 만날 수 없는 시간들이었다. 응답을 기다리고 구원을 기다리는 길보다 이렇게 내면 응시를 통해 서서히 생겨나고 뜨여지는 어떤 눈을 느끼는 일이 내 몸에 맞는 옷이었고 그 눈을 가지고 세상을 바라보기 시작하니 이 세상은 이미 옛 세상이 아니었다.

한동안 그렇게 하나 되어 녹아든 순간을 브라흐만이라 생각했었다. 그러나 이것은 겨우 시작이었다. 완벽한 지고의 불이不二 즉 범아일여梵我一如까지는 앞으로 가야 할 길이 너무나 먼 것을 곧바로 알았고, 절망을 채찍삼아, 느린 걸음을 스스로의 경책삼아, 다만 이제 제 길에 접어들었다는 희망을 가지고 길을 걸었다.

명상은 이제 동반자다. 철없던 시절, 가부좌로 앉아있는 스님들이나 화면에서 보이는 외국인들의 명상 모습을 보면서 '저렇게 할 일이 없나. 저렇게 다리 꼬고 앉아 있을 시간에 책 한 줄이나 더 보지!' 은근히 비웃던 일이 얼마나 크게 잘못되었는지 안다. 가만히 있다고 아무것도 하지 않고 있다는 가볍고 유치했던 평가. 그동안 자신을 포함해서 우주를 엄청나게 바꾸는 작업이 진행되고 있음을 어찌 그때는 몰랐을꼬.

현재 나의 이담은 잠양[만주스리]이다. 머리통이 지나치게 커진 내게 힌두교에서의 구루는 계셨으나 티베트불교는 독학생이라 딱히 스승이 계시지 않다. 그 선지식이 나타나셔서 내게 근기에 맞는 이담을 주실 때까지 플레이보이 기질을 최대한 발휘해서 잠양[만주스리]과 진하게 몸과 마음을 빈틈없이 섞어볼 예정이니 내가 내 것을 모두 버리고 잠양[만주스리]이 되면, 잠양[만주스리]은 내가 되지 않겠는가. 그 후 잠양[만주스리]은 내 몸을 이용해서 지혜를 세상에 펼치는 길로 간다.

아직 자칭 플레이보이지만 한 여자만 사랑하다가 삶을 마감하듯이 여차하면 잠양[만주스리]으로 종칠 수도 있으리라. 그러나 차선책으로 그것 역시 나빠 보이지 않는다.

새 한 마리 날아와 바위에 앉는다. 또 한 마리 날아와 그 곁에 앉는다. 철저한 보호색이라 움직임이 없으면 알아볼 수 없겠다. 무엇인가 먹을 생각이 없는지 그저 이리저리 둘러보기만 한다. 복잡한 도시의 새처럼 주뼛거리는 경계의 자세가 아니라 주변 풍경을 바라보는 자세다. 저 새들은 평생 얼마나 많은 거리를 비상하고, 얼마나 많은 날갯짓을 하며 살고 있을까. 내가 저 새들보다 부지런히 공부할 수 있을까? 앞으로 리모컨을 누르는 숫자보다 눈을 감고 흐트러지는 마음을 모으는 횟수가 더 많을 수 있을까?

다시 한 번 잠양[만주스리] 봉우리를 바라보면서 잠양[만주스리]의 완벽한 모습을 겹쳐 그려본다.

"옴 아라 바즈라 디."

보디삿뜨바를 확실하게 알아야

티베트불교에 많은 보디삿뜨바들이 있기에 티베트의 강 린포체(카일라스) 북벽을 중심으로 늘어선 봉우리 셋 역시 첸레식, 잠양, 그리고 창나 도제, 이런 보디삿뜨바 이름들을 가진다.

보디삿뜨바는 두 가지다. 하나는 개념概念, 다른 하나는 실천實踐으로 처음에는 이런 것도 모르고 혼동해서 사용했다. 책에서 보디삿뜨바라는 글을 보거나 남들에게 보살이라는 이야기를 들으면 종교적으로도 혼동했다.

첫 번째 개념.

> 관자재는 연민을 나타내는 보살이며 우리가 연민을 어떻게 강화할 것인가에 대한 본보기다. 관자재보살은 현실적으로 존재를 믿는 것이 아니라, 그의 상을 이용해서 마음속에서 연민을 강화하는 것이다.
>
> —탈렉 캽괸 린포체의 『티베트불교 입문』 중에서

즉 첸레식(아바로끼떼슈바라)을 믿는다는 이야기는 첸레식(아바로끼떼슈바라)의 자비와 연민을 그대로 수용하여 자신이 그렇게 되어야 한다는 개념으로 받아들여야 한다는 이야기다. 이것을 모르면 첸레식(아바로끼떼슈바라)에게 자비를 베풀어달라고 조르지만 정확히 알면 자신 스스로가 자비심을 증강시키기 위해 첸레식(아바로끼떼슈바라)을 개념으로 받아들인다는 것.

탈렉 캽괸은 이야기를 이어간다.

문수보살도 마찬가지다. 지혜의 화현인 문수보살의 특징을 얻기 위해 그를 관상하면서 관련행법을 실천한다. 금강수보살은 의지의 표상이므로 그의 상은 무관심을 극복하고 구도求道의 열정을 강화하는 데 사용한다. 부동不動, Achala보살은 삼매의 상태를 나타낸다.

이런 보디삿뜨바를 관하면서 그들이 나타내며 상징하는 개념을 고스란히 본받는 것이다.

첸레식〔아바로끼떼슈바라〕, 이기심.

잠양〔만주스리〕, 무지.

창나 도제〔바즈라빠니〕, 무관심.

이런 것들을 극복하는 데 개념적으로 쓰이기에 이런 각각의 보디삿뜨바의 은유를 알아야 한다.

첫 번째가 개념이라면 두 번째는 실천으로 설명이 필요 없으니 보살행을 하는 존재들이다. 즉 내가 자동차를 명상해서 자동차와 같아지면 차를 몰고 나서는 것처럼, 내가 잠양〔만주스리〕을 명상해서 기어이 잠양〔만주스리〕과 하나가 되었다면 이제 잠양〔만주스리〕이 이 몸과 마음을 가지고 지혜를 사용해서 중생을 보살피게 되는 것이다.

기복신앙에서 벗어나는 일, 중생을 도울 수 있는 방법.

산 앞에 서서 지금까지 왔던 길을 잠시 생각하고 앞으로 가야 할 길을 살피는 중에 새벽을 지나 아침이 오고 있다, 몸과 마음에서 동시에.

◉ 22

늑대들이 길을 뚫었다, 될마라

그것은 걷기로 해결된다 Solvitur ambulando.

—성 어거스틴

티베트에서 까마귀는 예사롭지 않다

● ● ●

동굴에서 오랫동안 선정에 들었던 괴창빠는 이제 동굴 밖으로 나왔다. 동굴 밖의 날씨는 피부를 여리는 듯 추웠다. 그는 동굴 밖의 바위에 고개를 맞대고 세상의 무정 유정이 모두 해탈하기를 기원했다. 이때 그의 모자가 바위 위에 흔적으로 남았으며 손자국 역시 동굴 입구 바위에 남게 되었단다. 사실 큰 스승의 기원이란 일체중생의 해탈, 즉 풍진 세상의 두카〔苦〕로부터의 해방이다.

여기서 기도를 한 번 생각하게 된다. 범부들은 자신의 영달, 많은 재산, 기껏해야 가족의 평화 정도에 그친다.

그렇다면 이런 기도가 얼마나 잘 응답이 될까.

기도를 올리는 상대는 수많은 붓다들과 보디삿뜨바들로 이들은 이미 욕망의 세상에서 벗어난 존재들. 나의 욕망을 이야기하면 그런 존재들에게 들릴까 생각해보아야 한다. 그들 귀에 쏙쏙 들어오는 이야기는 남을 위한 자비, 그리고 기도자가 언젠가 붓다가 되기 위한 정진 등등의 내용이 담겨져야 그대로 받아들여지리라. 괴창빠의 기도 역시 그런 대승의 기도였다.

이런 사실을 염두에 둔다면 이런 바위 앞에서 소소한 기도를 올려서는 안 된다. 기도해 보아야 모두 헛일이다.

"세상의 모든 존재들이 해탈에 이르게 하소서."

"세상의 모든 존재들이 행복하기를 바랍니다."

"이 몸 신속히 해탈에 이르고 중생구제에 도구가 되도록 이끌어주소서."

개인적인 욕구가 없을 수 없으나 말해봐야 소용없다면 시간을 낭비할 이유가 없지 않은가.

괴창빠스님은 한 번 명상을 했던 곳에서는 다시 머무르지 않고, 한 번 밟았던 길은 다시는 가지 않으며〔南北東西無定著〕, 천봉 만봉으로 걸어 다니던〔直入千峰更萬峰〕 가을낙엽 같은 수행자. 동굴 밖에서 자신이 걸어들어 왔던 서쪽 람추 계곡을 바라보았으나 그곳으로 되돌아갈 생각은 추호도 없었다. 안일 혹은 안주라는 것을 애당초 키우지 않았던 이 방랑수행자는 자신이 왔던 길을 마다하고 대신 동쪽을 바라본다. 그곳에는 서서히 일어서는 언덕이 있고 뒤로는 급한 산이 솟아올라 사람이 다닐 만한 길이라고는 전혀 보이지 않았다. 막막했으리라.

나 역시 그 길을 따라가야 하기에 이제 동쪽을 바라본다. 계곡 낮은 부분은 안개가 솜이불처럼 가라앉아 있다. 아직 계곡은 어둠이라 많은 이야기를 숨긴 듯 깊고 검다. 괴창빠가 동굴을 나온 아침도 이러했으리라.

괴창빠가 길을 모색하는 사이에 까마귀 한 마리가 날아와 동굴 밖에 놓였던 똘마를 입에 물고 후다닥 동쪽으로 날아올랐다. 이 똘마는 괴창빠가 자신에게 많은 도움을 주었던 토속신 라룽푸Lhalung Phu에게 올리는 공양물이었다. 괴창빠는 까마귀를 황급히 따라나섰고 멀지 않은 바위에 앉아있는 까마귀를 본다. 그런데 그가 다가서는 순간 까마귀는 서서히 바위 일부로 변해버리는 것이 아닌가. 칠흑같이 새까만 까마귀가 바로 마하깔라였다는 사실을 알아차리는 데 많은 시간이 필요하지 않았다.

왜 까마귀가 이곳까지 똘마를 물고 와 인도했겠는가. 그것은 바로 길을 알려주려는 마하깔라의 뜻이 아니겠는가.

티베트에서 까마귀는 길조이며 마하깔라 변신으로 보는 경우가 흔하다.

1대 달라이 라마가 태어나던 날, 마적떼 습격을 받았는데 너무 급한 나머지 부모는 아이를 살리기 위해 포대에 싸서 바위틈에 숨겨두고 피신해야만 했다. 다음날 일찍 아이를 찾으러 가면서 바위 주변에서 자칼들이 무섭게 짖는 모습을 본 부모는 겁에 질렸다. 그러나 가까이 가자 아이의 종알거림이 들려 두 사람은 그제서야 안도했다. 별일이 없구나! 더 다가서자 거대한 까마귀 하나가 아이 곁에 있지 않은가! 까마귀는 아이가 종알거리면 함께 지저귀며 대꾸하고, 더불어 자칼들에게는 커다란 날개를 펴서 쪼아대며 자칼들의 접근을 막고 있었다.

1대 달라이 라마가 훗날 뛰어난 수행자가 되었을 때, 깊은 명상을 통해 마하깔라의 환영을 보았는데, 마하깔라는 자신이 태어났던 날, 까마귀 모습의 수호자로 왔다고 이야기했으며 달라이 라마 곁에 영구히 있겠다고 약속

될마라로 향하는 처음 길은 비교적 완만하다. 옛일을 아는 듯한 까마귀들도 예까지는 쉬이 날아다닌다. 꼬라는 돌아감이란 없으니 다만 시선만을 되돌려 바라볼 수는 있다. 과거들이 저 자리에 있으며 이제는 오로지 향상일로뿐이다. 과거란 저 풍경처럼 고요하지만 우리의 과거는 얼마나 소란한가.

했단다. 그 후 달라이 라마와 까마귀와의 사연은 쭉 이어오고 7대, 8대, 12대 달라이 라마 탄생 때 모두 까마귀와 깊은 사연이 있었고 14대 달라이 라마라고 예외일까, 태어난 날, 까마귀 한 쌍이 집에 날아와 둥지를 틀었으니 약속대로 수호신으로 찾아온 것이다.

나 역시 히말라야에서 까마귀를 많이 보았다. 그들은 해발 5천 미터가 넘는 고지대에서 여유로웠으며 어느날은 내 텐트 위에 내려 앉아 오랫동안 고요히 명상자세로 앉아 있기도 했다. 그 모습을 보면서 늘 마 · 하 · 깔 · 라. 조용히 읊조린 이유는 이런 사연을 알고 난 후였다.

괴창빠스님이 까마귀가 바위로 변하는 모습을 본 자리의 이름은 자룩 된캉Jarog Dron-khang, 즉 자룩Jarog은 까마귀며 된캉Dron-khang은 쉰 곳이라는 의미로, 강 린포체[카일라스] 순례자들의 치성을 받고 있다. 디라푹 사원에서 될마라를 향해 동쪽으로 진행하면 만나는 바위다.

그러나 여기까지는 무사히 왔지만 이제는 험한 언덕이 가로막고 있으니 다시 막막해진 괴창빠. 눈으로 언덕을 더듬었겠다. 그때 늑대 무리가 나타났다. 산전수전 다 겪은 수행자가 늑대무리라고 두려워할까. 어차피 몸을 달라면 늑대에게 공양을 올리리라, 담담했을 터, 괴창빠는 숫자를 세어 보았다. 하나, 둘, 셋, 무려 21마리였다. 될마[따라]는 21가지의 모습으로 현현하지 않는가! 이번에는 될마[따라]가 자신을 도와주기로 했다는 사실을 알았으리라.

티베트불교에서는 자비로운 될마[따라]는 모두 21가지 형태가 있음을 누누이 이야기해 왔다.

하얀 혹은 녹색 빛의 될마

육식동물로부터 보호하는 될마

천재지변으로부터 보호하는 될마

코끼리로부터 보호하는 될마

악령으로부터 보호하는 될마

굶주림으로부터 보호하는 될마

불[火]로부터 보호하는 될마

홍수로부터 보호하는 될마

조화로움을 증강시켜주는 될마

몸을 민첩하게 만들도록 도와주는 될마

불멸로부터 보호하는 될마

사자로부터 보호하는 될마

관재官災로부터 보호하는 될마

질병으로부터 보호하는 될마

뱀으로부터 보호하는 될마

도둑으로부터 보호하는 될마

때 아닌 죽음으로부터 보호하는 될마

전쟁으로부터 보호하는 될마

흉기로부터 보호하는 될마

폭풍우로부터 보호하는 될마

힘을 키워주는 될마

이 숫자를 마음에 담는 순간, 괴창빠는 힘이 솟았다. 늑대들은 자꾸 뒤를 돌아보며 언덕을 오르기 시작했다. 괴창빠는 될마[따라] 여신이 자신에게 길 안내를 하고 있음을 눈치채고 만뜨라를 외우면서 가파른 언덕을 기어올랐다. 길이라고는 전혀 있을 것 같지 않았던 험한 오르막을 늑대들은 성큼성큼 앞서 가서는 괴창빠를 기다리고, 다시 앞서 가서는 괴창빠를 기다리는 일을 내내 반복했다.

언덕 정상에 이르자 늑대들은 이제 서로 몸을 합쳐가며 하나의 바위로 변했다. 이로 인해 이 언덕을 될마라Drolma La, 따라 고개[Tara Pass]라 부르게 되었다. 무사히 언덕을 넘었던 괴창빠는 이제 동쪽을 향해 길을 나섰고, 강 린포체[카일라스]를 우측에 두고 계속 걸어 나감으로써 꼬라를 완성했다.

문제를 내보자.

"강 린포체[카일라스]의 꼬라를 완성한 사람은?"

정답은 이렇게 된다.

"괴창빠."

이전에는 강 린포체[카일라스]의 꼬라는 없었다 해도 과언이 아니다. 설혹 있었다 해도 그 이름은 알 수가 없으니 괴창빠가 원조다. 힌두교도들의 순례는 내원에 들어와 멈추거나 산 앞으로 찾아와 뿌자를 올리는 일이 전부였다. 즉 강 린포체의 완벽한 원운동은 티베트불교 까규바의 괴창빠에 의해서 완성되었고 그 후 힌두교 순례자들이 이 길에 합류해서 산길을 걸었다.

개인적 견해로 보자면 티베트 라마들 사이에 구전으로 내려오는 이 모든 이야기가 사실로 보인다. 짐승들이 마하깔라였건 아니건, 늑대의 출현이 될마[따라]였건 우연이었건, 동굴을 나온 괴창빠는 까마귀를 따라 방향을 잡았고, 때마침 나타난 늑대들이 성큼성큼 험한 언덕을 올라가는 모습에 나라고 못하겠느냐, 언덕을 타고 올랐으리라. 더불어 까마귀, 늑대 등등 야생동물이 신의 화신으로 등장하는 이야기는 진위를 떠나 한 발자국 물러나 바라보면 동물과 교류하는 폭넓은 마음이 있는 과거 사람들이 아니라면 전해질 수 없는 스토리다.

많은 티베트 순례객, 인도인들, 그리고 먼 동쪽에서 찾아온 나 역시 괴창빠 루트를 따라 급한 언덕에 발을 들여놓는다. 아침이라 아직 공기가 차다. 가다가 쉬고, 다시 가다가 쉬면서 길을 오른다. 경사도는 아직 완만하지만 문제는 고도라 숨이 서서히 가빠진다. 폐 속에 있는 도시의 모든 찌꺼기가 모두 쏟아져 나오고 잡생각들이 고정되면서 사라지니 하타 요가와 같다. 산소통까지 들고 온 거대한 몸집의 인도인이 창백한 얼굴로 바위에 기대어 있다. 노인들은 감당하기 어려운 고통으로 쩔쩔매고 있다.

축원한다.

"모두 이 고비를 무사히 넘어서기를!"

꼬라는 언제부터 시작되었나

티베트불교에서는 꼬라, 즉 어떤 대상을 시계방향으로 돌며 예경하는 방법이 언제부터 시작되었다고 이야기하고 있을까?

일단 10만 년도 넘은 아주 먼 과거라고 한다. 10만은 고대 인도에서 즐겨 사용하던 단위로 락싸raksa 落叉라 하며, 이웃인 티베트에서는 현재까지 10만 번의 염송, 10만 번의 오체투지 등등 종교적 단위로 많이 사용한다. 즉 붓다 이전 시기로 한참 거슬러 올라가면 이때 과거 붓다[過去佛] 한 분이 있었는데, 상게 까르마 겔보[星王佛]를 중앙에 모시고, 예를 표하기 위해 한 발로 7일 동안, 단 한 번도 쉬지 않고 단 한 모금의 물도 마시지 않은 채, 지극

돌마라를 향해 나가면서 고도가 올라간다. 눈에 보이는 아래 계곡으로 들어서면 칸도[마까]의 비밀의 길로 접어들게 된다. 고도가 올라가면서 강 린포체[카일라스]보다 청량한 모습으로 바뀌어 나가며 사방에서 매롬한 향기가 느껴진다. 살펴보는 가운데 사방은 더욱 고요해진다. 마음은 그 고요함을 뒤따른다.

한 존경심을 품고 시계방향으로 일곱 바퀴〔右繞七匝〕를 돈 것이 꼬라의 시초라고 한다. 이때 입으로는 진언을 외우고, 마음으로는 중앙에 계신 분을 찬탄하며, 몸으로는 공덕을 쌓았으니, 이렇게 한 번 도는 동안에 1겁의 공덕이 쌓이며, 1겁이면 훗날 붓다가 충분히 될 수 있는데, 1겁에서 멈추지 않고 일곱 바퀴를 도는 고귀한 행위로 무려 7겁의 공덕을 쌓았다고 한다. 이것이 후에 일곱〔右繞七匝〕의 예로 자리 잡았으며 시간이 지나면서 셋으로 줄여 세 바퀴를 도는 우요삼잡右繞三匝으로 정리되었다 한다.

1겁의 공덕이면 되는 것을 무려 7공덕이나 쌓았다!

왜 그랬을까?

붓다가 사밧티의 제타 숲에 있을 무렵 승가에는 아나룻다라는 장님이 있었다. 그는 헤진 옷을 기우려고 했으나 바늘귀가 보일 리가 없어 중얼중얼 한탄한다.

“도를 얻은 많은 성자들 중에 누가 나를 위해 이 바늘의 실을 꿰어주고 더욱더 공덕을 쌓을 이는 없는가!”

그런데 누군가의 목소리가 들렸다.

“아나룻다야, 자, 내가 공덕을 쌓을 수 있도록 해다오.”

평소에 설법을 들었던 아나룻다가 이 목소리를 모를 리 있겠는가, 깜짝 놀란다.

“세존이시여, 제가 지금 중얼거린 것은 세상에 있는 구도자 중에 공덕을 쌓아 행복을 구하고 싶어하는 사람에게 바늘에 실을 꿰어달라고 한 것입니다. 그러나 세존께서 이 같은 일을 하시다니 생각지도 못한 일입니다.”

"아나룻다여, 세간에서 행복을 찾는 것에서도 또한 나 이상 가는 사람이 없을 것이다."

상대는 이미 깨달음을 얻은 존재. 무엇이 더 필요하다고 공덕을 쌓겠는가, 이미 이루지 않았는가, 아나룻다는 그렇게 생각했으리라.

"세존이시여, 세존은 이미 미혹의 바다를 건너고, 애착의 늪에서 벗어났으니 무엇을 더 구하겠습니까. 지금 그런데 무슨 이유로 행복을 구하려 하십니까?"

붓다의 설명이 뒤따른다.

궁극적인 경지를 투철한 사람도 추구할 것이 많이 있다고 하며, 보시는 이 정도면 되겠다는 것이 없음을, 인욕에는 이 정도 참으면 되겠다는 한계가 없음을, 진리 추구는 여기서 멈추겠다는 끝이 없음을, 더불어 행복 역시 그러함을 설한다.

공덕이란 끝이 없음이며, 보시, 인욕 역시 끝이 없음이다. 깨달음을 얻었다고 손을 내려놓고 지내는 일은 붓다의 지혜와는 다르다. 한 번이면 되는 것을 일곱 번이나 넘쳐나게 하는 일이 불교에 배어 있는 기본정신이다. 이런 생각은 한 번이면 가능한 강 린포체[카일라스] 꼬라를 12번, 13번, 심지어는 108번을 거듭하는 공덕을 이야기하는 기본 밑그림이며, 하여 108번 꼬라를 하게 되면 성불한다는 이야기를 나는 믿는다.

즉 누군가 이렇게 물었다 치자.

"꼬라 1번 하는 것과 13번 하는 것의 차이가 있나요? 교리적으로 설명이 됩니까?"

대답을 못할 수 있을까?

꼬라의 시초를 생각하며 꼬라의 공덕을 살핀다면, 공덕이란 무한공덕이어야 하고 이런 공덕은 목표가 없이 거듭하는 끝없음이다. 이런 끝없음이라는 가르침이 너무 마음에 들지 않는가.

무량심無量心.

어디선가 돈오돈수 돈오점수 모여서 토론하고 있을 때, 멀리서는 눈이 먼 수행자를 위해 바늘에 실을 꿰어주고, 중생을 위해 공덕을 쌓는 수행자들이 있다.

일체 유정이 행복하고 행복의 원인을 갖기를, 일체 유정이 고통에서 멀어지고 고통의 원인에서 멀어지기를, 일체 유정이 고통 없는 행복에 머물기를, 일체유정이 미움이나 집착 없이 평등심에 머물기를 기원하며 '멈춤 없이' 도와주는 그들이 있다.

꼬라는 원운동이다

● ● ●

『사분율』은 말한다.

"그들이 탑을 왼쪽으로 돌아 지나가므로 탑을 지키는 신이 성을 내니, 부처님께서 '왼쪽으로 돌아가지 말고 오른쪽으로 돌아가라' 하셨느니라."

이 이야기 안에는 오른쪽으로 도는 일, 시계방향으로 도는 일이 붓다 이전부터의 전통이라는 의미가 숨어 있으며 사람은 물론 탑 그리고 산에 이르기까지 이런 회전운동을 하라는 말씀이다.

고대로부터 인간들은 우주 자연운동에서 자신들의 규범을 만들어왔다. 태양은 동쪽에서 일어나 남쪽으로 움직이고〔自東南來〕 이제 서쪽으로 간다. 이 방향을 따라간다면 바로 시계방향이 된다. 우리는 지구의 반영이며 자연의 일부이기에 이 방향을 따라 걸어야 한다는 것이 옛 지혜였다. 고대인은 성스러운 지역을 여행할 때 이 방향에 순응했으니 바로 시계방향으로 도는 우선右旋의 원운동이며 이것이 산스크리트어로는 빠리끄라마Parikrama, 티베트어로는 꼬라Kora. 나 역시 산에서 돌탑을 만나거나 룽따가 휘날리는 깃봉을 만나면 반드시 이 방향으로 움직인다.

꼬라는 파콜〔Out Kora〕과 낭콜〔Inner Kora〕 이렇게 두 가지가 있어 하나는 강 린포체〔카일라스〕 외연을 따라 걷는 일이고, 다른 하나는 강 린포체〔카일라스〕 가슴 안으로 파고드는 원운동으로 안쪽 꼬라는 바깥 꼬라를 12바퀴 이상 돈 사람에게 권한다.

원운동의 가치는 중심으로 들어가려는 행동이 아니라 주변부에서 중앙에서부터 나오는 성스러운 에너지의 축복을 받으려는 시도에 있다. 스승을 중심으로, 성산을 중심으로 원운동을 하는 일은 대상을 넘보는 일은 생각도 못하며, 다만 경외감, 귀속감, 결합감의 표현이다.

모든 운동 중에 원운동이야말로 신성함에 근접하는 에너지 패턴이다. 「쉬바 푸라나」에 의하면 '회전운동에 의해 파괴되지 않는 죄악은 세상에 없다' 고 하니 '회전운동을 하면 죄악이 없어진다' 와 동의어가 되며 이런 이유로 힌두교도들은 쉬바의 경전에서 이야기한 대로 죄를 없애기 위해 시계방향으로 원운동을 한다.

힌두 신화에도 재미있는 비유가 있다.

어느 날 비슈누는 신들과 악마를 모아놓고 말한다.

"우주 끝까지 갔다가 가장 빨리 돌아오는 존재에게 축복을 내리겠다."

비슈누의 축복이라니!

모두들 이야기가 끝나자마자 튀어나갔다. 각 신들은 사자, 물소, 마차, 공작 등등 자신의 탈것에 올라 우주를 향해 날아올랐지만 코끼리 형상의 가네쉬는 자신의 몸이 뚱뚱한데다가 타고 다니는 것은 생쥐라 1등할 가능성이 전혀 없었다.

가네쉬는 원을 그리고 그 안에 '옴 비슈누'라 쓰고는 시계방향으로 한 바퀴를 돈 후, 비슈누에게 자신이 제일 먼저 돌아왔음을 이야기한다.

이제 우주를 직선운동으로 달려갔다가 되돌아온 존재들이 모두 모인 후, 비슈누는 가네쉬의 승리를 선언하고 축복을 준다.

그를 축복한 이유는 무엇일까, 여러 이유가 있지만 원운동을 안다면 그 중 하나의 답이 나온다.

될마라를 향해 걸어간다. 전통적인 순례는 두 발로 걷기다. 여기에 더해 성스러운 지역을 중심점으로 놓고 주변을 돌게 되니 지구를 위시한 여러 별들이 태양을 중심으로 회전하는 일과 마찬가지다. 걷는 일은 축복. 문명으로부터 멀어지는 일은 당장 불편하지만 그 단계를 넘어가면 겸손이라는 선물이 배달된다. 겸손이 찾아오면 배움이 시작되고 사방으로부터 받아들이고자 하는 정보가 유입된다. 기계가 아닌 몸으로 일으키는 움직임은 세상

속에서 온전히 사는 길을 보여주며, 더불어 속도에서 멀어지면서 세상과의 교류하는 면이 대폭 확장되고 사물이 이제는 평소와는 다르게 보이는 순간, 축복이 시작된다. 산을 한 바퀴 도는 일, 큰 스승을 한 바퀴 도는 일, 탑을 중심으로 한 바퀴 도는 행위는 모두 기본적으로 속도를 최대한 늦추는 걷기가 기본이다. 중심에 대한 겸손은 물론이고 중심에 대한 파악이 일어나며, 고요한 정점을 중앙에 두고 일어나는 이런 행위는 만물의 중심에 대한 예의까지 생겨난다.

고도를 올리면서 강 린포체[카일라스]는 이제 자신의 모습을 숨기고 만다. 그가 보이지 않는다고 사라진 것이 아니며 시선 밖이라고 영향력이 없어지지 않는다. 존경심이 사라지기는커녕 도리어 고양된다.

자격이 없다면 칸도의 길은 가지 말자

높은 고도 속에서 헉헉댄다.

"괴창빠스님이 꼬라를 완성하는 바람에……."

불평하다가 웃음이 핏 나온다.

나는 우연한 두카[苦]를 반기는 편이다. 지리산에서 추락하여 왼쪽 다리가 부러지는 순간, 업장이 하나 녹는구나! 도리어 마음이 가볍기까지 했다. 하물며 고개를 넘는 일이 고도와 경사도로 인해 쉽지 않음을 이미 알고 왔으니 불평할 이유가 없다. 신산고초 두카는 영혼을 정화하며 더불어 지난

업을 갚아 준다.

히말라야를 넘나들며 소금과 옥수수를 교환하는 대상들의 이야기를 다룬 영화 「카라반Caravan」을 냄새 콩콩 나는 네팔의 수도, 카트만두의 극장에서 두 번 보았다.

여기서 구루는 제자에게 말한다.

"네 앞에 두 개의 길이 있다면 쉬운 길을 버리고 어려운 길을 택하라."

그 스승이 말한 의미는 무엇인가.

쉽고 편한 길, 성경에서 말하는 넓고 탄탄한 길은 공덕이 없음이다. 반면 힘든 길은 고생스러울 테지만 자신의 부정한 까르마를 빚을 갚아나가듯 정화시킨다. 티베트에서는 수많은 스님들이 투옥되어 고문을 당했다. 수십 년 동안 감옥에서 정기적으로 고문을 당하고 구타 당한 스님들도 많았으나 고통을 받으면서 자신이 비로소 진정한 스님이 되었다는 이야기는 이런 고통의 가치를 이야기해준다.

오르다가 쉬고, 다시 오르다가 쉰다. 점점 오르는 시간보다 쉬는 시간이 길어진다. 옆을 지나가는 힌두노인의 거친 숨소리가 마치 도가니 속에서 듣는 듯하며 풀무질처럼 마구 떨어대는 내 가슴에서 울려나오는 호흡소리와 귓가에서 겹쳐진다. 희박한 산소 속에서 고도를 올리는 고행.

우측 아래로는 깡잠Kangjam 빙하가 반짝거린다. 그 위로 솟은 수정얼음들이 둥글둥글하다. 힌두교도들은 햇볕에 의해 무지갯빛으로 보이는 이것 역시 쉬바의 링가처럼 보였는지 같은 의미로 스파티카 링가Spatika Linga라 부른다.

길 하나가 잠양봉을 지나자마자 갈라져 우측으로 빠져간다. 칸도 상람 Khando Sanglam으로 칸도는 칸돌마〔다끼니〕의 남성형 다까를 말하며 상감은 비밀의 길을 뜻하는바, 보통 칸도〔다까〕의 비밀의 길이라고 한다.

이 길은 될마라를 지나지 않고 강 린포체〔카일라스〕 동쪽 약사봉까지 가로지르는 짧은 길로 될마라를 넘는 것보다는 육체적으로는 도리어 쉽지만 바깥 꼬라를 12번 이상 한 사람만이 이 길을 오를 수 있다고 한다. 정상부근의 눈더미는 칸도〔다까〕와 칸돌마〔다끼니〕가 만들어놓은 장애물로 부정한 사람들의 접근을 막는 펜스 역을 맡는다. 바깥 꼬라를 12번 돌고 13번째 들어선 마음이 선한 사람은 무사하지만 그렇지 못한 사람들이 다가오는 경우 눈더미, 눈처마가 무너지는 화를 면치 못한단다. 비록 화를 입지 않고 무사히 넘어서더라도 가까운 장래에 이런저런 변을 당하게 마련이라니 여간해서는 함부로 발을 들여놓을 길이 아니다. 그래도 무려 12번이나 꼬라를 하고저 성스러운 길을 들어서는 사람은 얼마나 좋을까, 부러움을 슬쩍 가지게 된다. 12번이나! 그리고 13번째!

한편 이 산길에는 명부冥府로 통하는 길이 있단다. 보통 사람의 눈에 보이는 것이 아니라 영적으로 강력한 수행자 즉 날드조르빠에게 보인단다.

1904년 티베트 수행자들과 동굴에서 정진하고 1924년 라싸에 도착했던 알렉산드라 다윗 닐의 책에는 이 길 주변에서 자라나는 풀에 대한 이야기가 있다. 순례를 왔던 스님은 식사를 마치고 주변에 있던 풀 하나를 뜯어 무심코 입에 넣고 씹었다. 그 순간 그의 앞에 갑자기 커다란 구멍이 생겨났단다. 깜짝 놀라 풀을 뱉어버리자 그 구멍은 일시에 사라졌다.

강 린포체[카일라스]를 중심으로 일주하는 루트는 산 전체를 통달한 스승 괴창빠에 의해서였다. 늑대가 최초의 길을 알려주었다는 옛이야기는 황당하지만은 않다. 괴창빠 스님이 홀로 넘어섰던 벽지의 그 길을 이제 순례자들이 무리지어 걷고 있다. 짐승들에 의해 남겨진 은덕이 아닐 수 없다.

그 스님은 동료가 했던 이야기를 기억했다.

"그 부근에 자라는 풀잎은 절대 입에 대는 일이 없도록 해. 혹시 앉아서 쉬더라도 그 부근에 자라는 풀잎은 절대 입에 대는 일이 없도록 하게. 그 산이 보이는 곳에 자라는 특별한 풀 두 가지가 있는데, 보통 사람들은 주변의 다른 풀과 구별할 수가 없지만 특수한 성분을 갖고 있어. 그 중에 하나는 아주 치명적인 최음제로 그걸 먹은 사람은 미쳐 날뛰게 돼. 그 독성으로 모든 정기가 빠져나가고, 핏줄이 비어 말라붙으면서 결국 지옥과 같은 고통 속에 죽게 되지. 또 하나는 누구든 그 풀을 씹으면 갖가지 지옥과 그 속에서 고통을 당하는 중생을 보게 돼."

그는 풀을 뱉어버리는 바람에 신비한 세상을 볼 기회를 놓쳤다고 생각했다. 기어이 다시 이 세상을 보겠다고 결심한 스님은 이 풀 저 풀 뜯어 먹다가 완전히 미치고야 말았다는 뒤숭숭한 이야기가 전해지고 있다.

23
지금 죽지 않아도 미리 버려라, 천장터

시간이 많이 남았다고 믿는 사람들은 죽음에 임박해서야 비로소 준비를 시작한다. 죽음이 닥치면 그들은 회한으로 날뛰게 된다. 그러나 이미 때는 늦지 않았던가?

— 파드마쌈바바

패륜적인 행위

옷, 신발, 모자, 심지어는 머리카락 뭉텅이 등등이 버려져 있다. 특히 옷을 벗어 바위에 입혀 놓아 바람이 불 때마다 주인을 떠나보낸 옷들이 펄럭인다. 그런데 암울하거나 스산하기는커녕 도리어 형언하기 어려운 고요함을 느낀다. 이곳은 쉬바찰Shiva-Tsal, 즉 천장天葬터다. 천장터는 강 린포체〔카일라스〕 주변에 모두 4곳이 있으며 가장 가치 있게 평가되는 자리는 쎌숑 평원 동쪽 언덕이지만 이 자리는 순례객들에게 대리체험으로 인기가 제일 높다.

이곳을 지나가는 산 사람들은 죽음에 대해 명상하고, 디리 지기스Dirje Jigies라 부르는 염라대왕에게 자비를 부탁드리며 다음 삶에서는 상위의 중생으로 거듭나기 위해 잠시 멈춰 서서 기도를 올린다. 본디 세상이란 산자와 죽은 자가 버무려져 있는 곳이지만 천장터는 어디든 그 밀도가 높아 민감한 사람이라면 어깨에 중음의 영혼이 툭툭 부딪히는 것이 느껴지리라. 그런 이유에서일까, 예민하게 생긴 스님 한 분이 높낮이가 심한 목청으로 독경에 여념이 없다. 가끔 조그만 북소리까지 딸깍딸깍 더하면서.

티베트불교의 가르침을 따르자면 죽음을 맞이한 후 6가지의 확실한 특징과 확실하지 않은 6가지 특징을 경험하게 된다고 한다.

1. 이전에는 벽이나 어떤 견고한 물건에 의해 몸이 제한되어 있었는데, 지금은 그렇지 않다.

2. 이전에는 자신이 말하는 것을 다른 사람들이 들을 수 있었는데, 지금은 그렇지 않다.

3. 이전에는 태양, 달, 별 등을 볼 수 있었는데, 지금은 그렇지 않다.

4. 이전에는 발자국이 지면에 남았으나, 지금은 그렇지 않다.

5. 이전에는 그림자가 있었는데, 지금은 그렇지 않다.

6. 이전에는 초감각적 인식을 갖고 있지 않았는데, 지금은 갖고 있다.

죽은 사람들에게 모두 똑같이 나타나는 현상이다.
모든 사람에겐 아니지만 이런 것들이 동반되어 나타나는 경우가 있다.

1. 머물러 있는 것이 불확정하며, 가고 싶은 곳을 언제든지 갈 수 있다.

2. 음식이 불확정이다.

3. 옷이 불확정하여 뭐든지 입힌다.

4. 친구가 불확정하여 누구든지 사귄다.

5. 행하여야 할 것과 행하지 말아야 할 것이 동시에 염두에 두어지면서 행위가 부정하게 나타난다.

6. 이런 생각 저런 생각을 갖는 것에 따라 마음에 형성되는 특질 또는 기질이 바람에 흩날리는 것과 같이 떠돌며[浮動] 일정하지 않다.

이곳에는 지금 얼마 정도의 혼백이 서성일까. 소슬한 바람이 분다. 티베트 스님의 진지한 염불은 꾸준하다. 스님은 이미 세상을 떠난 존재들을 천도한다. 평소 깊은 신앙심으로 살았던 티베트 사람들은 이런 독경, 만뜨라 등등에 반응하여 달콤한 멜로디 쪽을 돌아보듯 쉽게 천도가 될 터지만, 주야장천 날마다 기름지게 먹고 돈을 세고 더불어 핸드폰, TV 등등으로 얼룩진 일상에서 살던 사람들은 이런 기도를 통해 천도되기 끔찍이 어려우리라. 둘 사이에 채널이 형성될 수가 있을까.

그러나 가장 뛰어난 것은 살아생전 스스로 깊은 자리까지 도달하여 천도가 필요없는 것, 그것이 아니겠는가. 열심히 닦아 천도를 푸닥거리 정도로 만들 필요가 있지 않겠는가.

바쁘게 지나가고 싶지 않아 보폭을 좁게 그리고 속도를 천천히 하여 길을 아껴간다. 한편 힌두교도들은 죽은 영혼은 지상을 떠나기 싫어한다고 생각한다. 죽은 영혼이 살아있는 가족 누군가의 영혼을 앗아가지 않도록 하기 위해 기도를 한다.

"여기 당신의 옷이 있사오니 저로부터 아무것도 앗아가지 마소서."

그리하여 그들은 이미 죽은 가족의 옷을 가지고 와 바위에 입힌다. 인도인들의 옷이 심심치 않게 보이는 이유다. 이제 곧 세찬 바람이 가지고 갈 망자의 사진도 바위 밑에 놓여 있다.

티베트 장례방식 중에 가장 흔한 천장天葬은 유교문화권이라면 당장에 시체유기죄 항목이 붙을 것이며 거기에 더해 시신을 토막 내어 내버리니 시체모독죄가 있다면 이 항목이 추가된다. 부모를 이런 식으로 해체시켰다면 자식은 당연히 패륜아라는 소리를 듣게 되는 반면 티베트에서 이런 방식은 당연하다.

세계적으로 흔한 대표적인 장례 형태는, 땅에 묻는 매장과 불로 태워버리는 화장, 이렇게 두 가지다. 매장의 경우 티베트에서는 극소수로 지독한 범죄자, 전염병이 걸렸던 사람에게 사용하며 이런 방식은 도리어 좋지 않은 방법으로 여긴다. 화장 역시 소수로 탑장塔葬을 하기 전에 스님들 사이에서 이루어진다. 가장 많이 사용되는 장례의식이 바로 천장天葬으로 라갸파라는 전문가가 시체를 토막 내어 독수리에게 주는 조장鳥葬이며 더불어 시신을 그대로 풍화시키는 풍장風葬이 다음을 잇는다. 화장할 나무가 충분하지 않고, 조금만 파들어 간다면 바위가 노출되어 매장도 쉽지 않은 자연환경이 만들어준 소산이다. 종교와 척박한 자연이 만들어낸 독특한 장례문화로 보는 일이 더욱 설득력 있기에 패륜, 야만이라는 평은 삼가는 일이 옳다.

본래 티베트의 토속종교 뵌교에서는 영혼은 죽지 않고 유계의 높은 곳, 즉 금빛의 땅에서 이리저리 다닌다는 유목민스러운 영혼부유설靈魂浮游說을 믿어왔기에 주로 풍장을 선택했다. 그러나 윤회 그리고 전생轉生사상이 들어오면서 보다 상위의 세상으로 태어나기를 바라는 마음으로 독수리를 이용한 천장이 시작되었으니 종교사적으로 보면 역시 한 단계 올라선 형태다.

자신의 장례방법을 스스로 선택하기란 쉬운 일이 아니다. 그러나 풍장을 원한다면 이런 고원 무인지대 은밀한 곳에서 사라지는 방법이 있을 수 있겠다. 때로는 내 시신이 벌레들과 더불어 썩거나 장작 혹은 전기화로에서 활활 타는 일보다, 이렇게 사람에 의해 나뉘고 새에 의해 하늘을 날아보는 방법도 썩 괜찮아 보인다. 자신 스스로 유언을 통해 전 세계 어디론가 가지고 가서 장례방법까지 선택할 수 있다면 티베트 조장을 택하는 사람이 나를 포함해서 다수가 되리라.

이상스럽게 천장터 땅덩어리가 편하게 느껴진다. 땅이 우리의 것이라는 생각은 사라지고, 우리는 이미 땅의 것이었다는 생각이 든다. 사람이 땅을 가지는 것이 아니라 대지는 이미 인간을 가지고 있지 않았던가. 내 자신을 당기는 힘, 쉬어가라 권유하는 땅심, 심지어는 육신 거푸집을 여기 뉘라는 그 기운들. 스님에게서 열 걸음 정도 떨어진 자리에 적당한 바위가 하나 있어 바위에 등을 기대고 쉬어가도록 한다.

산이 크고 장하다. 멀지 않은 서쪽 아래로 잠양[만주스리] 봉이 솟아 있고 칸도라 비밀의 길이 숨겨져 있는 계곡이 내 나라 여느 풍경과는 스케일이 다르다. 오늘도 한두 평에 연연하면서 좁은 국토에서 투기를 일삼는 땅벌레들의 삶이 측은해지니 '그대들에게도 늙음이 찾아오고, 질병이 찾아들다가, 대지로 돌아가야 하느니' 영매처럼 말이 절로 터진다.

죽음의 자리에 오니 옛 생각이 절로 난다. 30대 중반 이후 내 삶은 죽음이라는 문제 해결에 최대가치를 주지 않았던가. 나는 물론 우주 모두에게 골고루 찾아오는 죽음이라는 것을 해결하지 않는다면 사는 일이 무의미해 보였던 시절. 내게서 암이라는 진단을 받고 돌아가는 환자를 보며, TV 속에서 사고로 죽어가는 사람들을 보며, 저 드라마가 내게도 일어날 수 있다는 생각. 쫑카빠 스승이 이야기했다던가. '누구나 언젠가는 죽을 거라 생각하면서도 오늘은 죽지 않을 것이라는 어리석은 생각을 죽기 직전까지 가지고 있' 다고. 맞는 이야기였으니 그것이 언제일지 몰라 마음이 급해졌다.

삶에서 만들어 놓은 모든 것을 산산이 부셔버리는 죽음 앞에 삶의 공과 功過 따위가 도대체 무슨 의미란 말인가.

옛 생각이 절로 난다

붓다가 제타 숲에 있을 때, 코살라국의 파세나디 왕이 찾아왔다. 그는 참 오랜만에 붓다를 방문했다. 왕은 자신이 넓은 영토를 관리하고 있기에 일이 많고, 그 일 때문에 바빴다고 했다.

붓다는 묻는다.

"왕이시여, 이런 경우에 당신은 어떻게 생각하십니까? 당신이 신뢰하는 사람이 동쪽에서 달려와 '왕이시여, 지금 동쪽에서 허공만 한 큰 산이 모든 생물을 깔아뭉개며 이쪽으로 오고 있습니다. 왕이시여, 빨리 해야 할 일을 하십시오' 라고 말했다고 합니다."

즉 죽음이 닥쳐오고 있으니 해야 할 일을 하라는 이야기다. 그렇다면 무슨 일을 해야겠는가?

붓다는 서쪽, 남쪽, 그리고 북쪽에서도 같은 일이 벌어져 왕을 향해 온다고 전제하며 물었다.

"그 같은 사태에 이르렀을 때, 왕께서는 무엇을 할 수 있다고 생각하십니까?"

왕은 답한다.

"세존이시여, 그런 사태가 발생한다면 무슨 일을 할 수 있겠습니까? 다만 살아있는 동안 착한 일을 하고 공덕을 쌓는 이외는 달리 없습니다."

"왕이시여, 이것은 단순한 비유가 아닙니다. 늙음이 왕에게도 오고 있습니다. 죽음이 왕에게도 오고 있습니다."

나에게도 늙음이 올 것이고, 늙음보다 죽음이 먼저 찾아올지도 모르지 않는가. 그런데 이 늙음이 찾아오고 죽음을 맞는 나란 도대체 누구인가?

이 글을 바로 그 시기에 만났다. 나 개인으로는 크나큰 행운이었으나 가족들은 당시 재앙으로 느껴졌으리라. 멀쩡하게 함께 밥 먹고, 편안하게 잠자던 사람이 갑자기 다 버리고 인도로 가겠다고 배낭을 꾸리니 마치 지옥으로 떠나가 다시는 못 만날 것처럼 만류하지 않았던가. 솔직히 말하자면 사실 다시 집으로 돌아오지 않을 생각도 있었기에, 그때까지의 삶을 정의하여 방황 혹은 방랑이었다면 인도에 발을 내려놓는 순간은 다시 태어나 구도求道가 막 시작되는 지점이었다.

죽음은 이렇게 가까이 있는데 도대체 천주교, 불교, 종교의 거창함은 무슨 필요가 있을까. 이것은 마치 히말라야의 고봉과 같아 내 발밑에 입 벌리고 있는 크레바스, 죽음이라는 얼음구덩이는 보지 못하고 목표라고 생각하는 고봉만을 향해 나가는 꼴. 더불어 가족이 대신 죽어주는 일도 아니지 않는가.

『보리도차제론』은 말한다.

"절벽에서 떨어질 때 하늘을 난다고 기뻐하지 마라."

죽음을 알기 위해서는 태어나서, 살다가, 병이 들고 늙어가는 '나'라는 존재에 대해 우선 알아야 했다. 내가 태어났기에 기어이 죽음을 맞이하는 것이 아닌가. 나는 죽음이라는 곳을 향해 추락하고 있으니 낙법을 배워야 했다.

이후 인도로, 히말라야로 걸어 들어가면서 묻지 않을 수 없었다.

"나는 누구인가?"

이때는 이 주제를 얼마나 깊이 생각했는지 모른다.

달 달 무슨 달, 쟁반 같이 둥근 달.

어디어디 떴나, 남산 위에 떴지

보름 날 이 노래를 듣고 소스라치기까지 했다. 나에 대한 생각으로 골몰하다보니, 동요에서조차 달에 대한 존재를 묻고 답하며, 달이 이 시각, 우주의 어디에 있는지 묻는 심오한 문답으로까지 들릴 정도였다.

중고등학교 공부를 이렇게 했다면 나는 지구상에 제일 좋은 대학을 갔을 것이라 장담하며, 또 그렇게 전공 공부를 했다면 최고의 명의가 되었을 가능성이 있다. 그러나 내 삶은 나를 다른 방향으로 인도하여 대충 살게 만들더니 어느 날 생사에 대한 공부로 몰아갔고 기어이 오늘 강 린포체[카일라스] 앞 천장天葬터에서 이런저런 옛 생각을 하게 만든다.

내 삶을 교정하고 죽음이 무엇인지 명확히 제시한 것은 힌두교였다. 죽음의 그림자를 찾아 배낭을 메고 인도로 들어온 것이 발단이었다.

사람들은 내게 물었다.

"종교가 무엇이에요?"

나는 답했다.

"힌두교요."

묻는 사람들이 도리어 당황했다. 힌두교라? 그게 뭐지? 그런 표정이었다. 천주교도의 어머니 밑에서 태어나 유아세례를 받았고 중고등학교 역시 추기경이 이사장인 천주교 학교를 다니면서, 수녀님에게 수업을 들었고, 금요일 첫 시간 성당에서 미사를 지내기도 했다. 병원 수련 및 초기 임상강사 시절 역시 방마다 십자가가 빛나는 가톨릭대학의 부속병원에서 일했을 정도로 사방이 가톨릭이었으나 내 질문에 대한 약점이 너무 많았다.

힌두 신화를 위시해서 힌두의 경전들은 나를 새로운 세상으로 안내했다. 동시에 히말라야를 걸으며 이 지역에 골고루 퍼져 있는 티베트불교와 자주 만나게 되는 일을 피할 수 없었고, 거기에 더해 강 린포체[카일라스]를 꿈꾸는 동안 힌두 신화는 물론 티베트불교와의 만남도 꾸준했다. 정확히 현재 상황을 이야기하자면 힌두교의 경계를 넘어섰다. 사막에서 발생한 종교에서 이미 나와, 이제는 강 린포체[카일라스]가 바라보는 히말라야에서 발원한 오래된 전통과 철학을 향해 마치 '어린아이가 어머니 무릎을 향해 기어' 가듯이 다가서며 석釋씨가 되려 하고 있다. 내 유모였던 힌두교와의 유대감은 그대로 간직한 채 내 어머니를 향해 나가는 중이다.

불교 공부를 하다 보니 '나는 누구인가?' 라는 질문이 잘못되었다는 사실을 알았으니 다시 물었다.

"나는 무엇인가?"

나는 '누구' 를 묻는 것이 아니라 나는 '무엇' 인지 물어야 했다. 여기에 힌두교와 불교에 차이가 있었다. 즉 범아일여梵我一如와 무아無我의 차이로 바로 아我에 대한 입장 차이였고 여기서 답이 나오기 시작했다.

이제는 죽음이라는 자연스러운 현상에 대해 더 이상 주저하거나 두려움은 없다. 인식을 바꾸면 죽음은 하나의 현상으로 사실 별 거 아니다. 죽음이란 확실성과 그렇지 않은 요소가 버무려져 있으니, 확실성이란 태어난 것들은 반드시 죽는다는 사실이며 불확실한 요소는 1분 후가 될지, 1년 후가 될지 그 시간을 알 수 없음이다. 이제 내가 마주하는 문제는 죽음을 넘어선 후가 된다.

이렇게 말할 수 있도록 더욱 애써 나가야 한다.

"나한테 죽음이 찾아와도 무슨 일이 있겠는가. 이 사람, 아침에 죽으면 오후에 정토에서 다시 태어나리라."

천장터에 서니 지나온 길이 보인다. 죽음을 극복하고자 길을 나섰으나 죽음이란 마침표가 아니라 쉼표이고, 극복할 대상이 아니라 겪어야 할 현상이고, 두려워할 일이 아니라 낙엽을 바라보듯 그냥 보아야 하는 그것이었다.

힌두 신화에서 만들어진 죽음 이야기

힌두 신화는 넘쳐나는 생명체로 지구가 엉망이 되자 죽음을 만들어 순환시켰다고 한다.

태초에 브라흐마가 생명체를 창조했다. 브라흐마는 자신의 완전성과 불멸성에 기초하여 생명체들을 만들어냈기에 피조물 역시 모두 불사不死였다. 세상은 얼마 지나지 않아 곧바로 혼란에 빠져 들어간다. 죽지 않고 번식만 하다보니 대지의 여신 쁘리뜨비Prtvi는 고통을 견딜 수 없었기에 여신은 브라흐마에게 해결책을 요구한다. 브라흐마는 고민한다. 그러나 창조역할을 하는 브라흐마가 무슨 뾰족한 생각이 있겠는가. 파괴를 담당하는 쉬바신의 동격 혹은 전신인 루드라Rudra에게 도움을 구하자 루드라는 해결책을 내놓는다.

즉 지상의 일부를 존재형태를 바꾸어서 천상세계에 거주토록 하며, 나머지는 그대로 지상에 머물도록 하지만 주기적으로 순환토록 만들었으니 지상에서는 죽음이라는 현상을 만들어 생명체를 순환시키기로 한 것이다.

여기서 중요한 것은 순환循環이다. 요즘 말로 하자면 윤회가 된다. 하나의 존재가 본래는 불사였으나, 대지의 고통을 해결하기 위해 죽음이라는 현상을 만들었으며, 죽음이라는 것은 단순한 과정이지 종말이 아니라는 이야기가 숨어 있다.

이것을 깊숙이 이해하는 힌두교도라면 죽음에 담담할 수밖에 없다. 이 지점이 역시 힌두교와 갈라지는 자리가 된다. 즉 힌두교에서는 다시 태어나는 일은 생명의 영원성에 기초하고 있으며, 불교에서 다시 태어나는 일은 무지 혹은 무명으로 인한 결과다. 힌두교는 단순하고 불교는 이 시대에도 통할 수 있을 정도로 세련되었다. 즉 고대인의 생각이 힌두교에 가깝다면 불교는 보다 진화되었다.

무엇이 내가 몸담을 이야기인가? 어떤 것이 나를 일야현자一夜賢者로 이끌겠는가. 더불어 그렇게 다시 태어나는 전생이 있다면, 즉 죽음 이후에 다른 삶이 있다면 죽음 따위가 무엇이 두렵겠는가.

더 두려운 것은 다시 태어나 살면서 겪어야 하는 고苦뿐이 아니겠는가.

티베트에서는 불교를 믿는 사람을 낭빠Nangpa라고 부르며 낭빠는 안〔內〕을 잘 아는 사람이라는 의미라면 완전한 낭빠가 되기 위해서는 내 안의 고를 유발하는 질긴 뿌리를 더 잘 살펴야 하지 않을까.

이런 생각을 하면 이번 순례는 힌두의 옷을 온전히 벗는 데 귀중한 시간이며, 다음 강 린포체〔카일라스〕 순례는 낭빠 순례자로 다시 오지 않겠는가. 미래가 엿보인다.

온갖 물건들이 널려 있는 이유가 있다

외국인이 만든 다큐멘터리 프로를 보다가 쓴 웃음을 지은 적이 있다. 그는 인도인들의 신성한 어머니 강으로 여기는 강가〔갠지스〕가 흐르는 바라나시를 중심으로 이야기를 끌어나갔다. 한 무리의 사람들이 배를 타고 강을

이쪽 바위에 자신의 속옷을 입혔고, 저쪽 바위에는 바지를 걸쳐놓았다. 멀쩡한 스웨터, 반듯한 운동화도 굴러다닌다. 이미 죽은 사람의 것도 있고 산 사람도 미리 예행연습 삼아 천장터에 자신의 소유를 버리고 간다. 힌두교도로 살았던 나는 한동안 모셨던 꽤나 많은 힌두교 신들을 이 자리에 남기고 이제 고개를 올라간다.

건너가는 모습을 따라가 반대편 섬까지 이르렀다. 그곳에서 사람들이 머리를 깎고 자신의 소지품을 내려놓는 모습을 비추었다. 자막에서 그런 행동을 '무엇인가를 버린다' 로 이야기할 뿐 의미에 대한 설명은 없었다.

힌두성지에 가면 가게들이 순례객을 맞이한다. 신의 얼굴이 그려진 엽서, 포스터를 파는 상가와 찻집 등등이 이어지지만 빠지지 않는 것이 있으니 간이 이발소다. 먼 곳에서부터 변발로 성지까지 찾아온 사람들은 깨끗하게 머리를 깎고 말끔하게 면도한다. 이것은 성지에 자신의 일부 혹은 물건을 남겨 두는 행위로 내세에 복을 쌓는 일과 같다고 여긴다. 성지의 강 너머

모래밭에 머리카락을 남기거나 자신의 물건을 '버리는' 것이 아니라 '남기는' 이유는 피안彼岸에 이렇게 자신을 남김으로써 내세에 피안에서 태어나고자 하는 바람을 표현하는 중요한 종교적 행위다.

이곳 천장터에는 많은 사람들이 자신의 물건을 던져놓았다. 또한 치즈, 야크 털로 만든 실, 화약총, 칼, 은화, 터키석, 산호, 마노석 등등 진귀한 것들을 바치기도 한단다. 이런 의식은 히말라야 너머 남쪽의 인도의 종교적 관습과 유관하다. 피안으로 상징되는 강 린포체〔카일라스〕. 그 아래에 자신의 신체 일부나 신체에 걸쳤던 무엇을 남긴다는 관습 안에 두 사회의 교통이 엿보인다.

순례자는 죽음의 행위를 실행하고, 하늘 매장이 거기 있고, 다음 생에 더 높은 중생에서 다시 태어날 것이라고 믿으며 이곳을 지나간다. '바늘을 가진 그들은 손가락을 찌르고 헝겊 조각 찢어서 죽었을 때처럼 핏방울을 유출시키고, 사후 자신의 옷이 찢기는 것'을 체험한다. 작은 버림으로써 얻는 내생에서의 약속.

더불어 성지에 내려놓은 자신의 물건들은 이곳의 신성하고 축복 가득한 기운을 멀리 속세에 있는 자신에게 끊임없이 보내준다고 믿는다. 이것을 더 중요시하는 순례자들이 많아진다고 전한다.

나 역시 무엇인가 버려야 하지 않겠는가.

옳지!

힌두교의 신들을 내려놓는다.

스님의 염불이 쉬이 끝나지 않더니 이제는 아예 마치 신들린 상태처럼 만뜨라를 쏟아낸다. 산소가 적은 지역이라 거친 호흡으로 염불을 읊는 스님의 얼굴이 파리하다.

저 독경을 듣는 존재들, 부디 천도되시기를.

다시 동쪽 언덕을 오른다.

◉ 24

업을 내려놓으며 업경대를 지난다

업業 그것은 다른 곳에 잘못을 돌리려는 경향.
들고 있기 힘든 불사발
지하 감방의 어두움
탐진치 삼독의 깊은 수렁
악한 삶의 공포스러운 물결
거미줄에 걸려듦
또는 새가 사냥꾼의 그물에 걸려드는 것.
손이 목에 묶이는 것과 같은 것
더러운 연못에 잠겨버린 것
신기루를 쫓는 사슴과 같이
그것은 치명적인 그물
꿀을 빠는 벌
우유를 내는 소와 같이
늙음과 출생의 무상한 그림자 아래 사는 것 같음
덫에 걸린 사슴

— 작가 미상

까르마를 알면 고자 하나 넘었다

해발 5천390미터 고도에 예사롭지 않은 바위덩어리가 있다. 사람 키를 훨씬 뛰어넘는 커다란 바위인데 주변에 무수히 널린 바위와는 분위기가 확연하게 다르다. 한쪽 면이 반듯하게 잘려나간 듯 반반한 모습으로 옛 순례자들은 이 형상이 마치 거울로 보였나보다.

사람들은 하얀 카타로 장식된 이곳에서 머리를 바위에 대고 만뜨라를 읊으며 조아린다. 바위 이름은 딕빠 깔낙digpa karnak으로 딕빠는 죄를 말하며, 깔낙은 옳고 그름, 흑과 백, 선과 악, 이렇게 나누어지는 것을 말하니 우리말로 쉽게 하자면 딕빠 깔낙은 업경대業鏡臺다. 업경대가 있으니 사찰로 치자면 이 일대는 지장전이나 명부전이 된다.

불교에서는 까르마, 즉 업을 완전히 파악하면 이미 반을 넘어선 것이라 했다. 또한 업에는 네 가지 중요한 측면이 있다고 가르친다.

첫째, 어떤 종류의 행위는 어떤 종류의 결과를 낳는다.

둘째, 어떤 행위의 결과는 일단 발생하면 증폭된다.

셋째, 이루어지지 않은 행위는 결과를 발생하지 않는다.

넷째, 한번 행위를 한 것은 버려지는 법이 없다.

업이란 간단하다. 콩을 심으면 콩이 나오고, 팥을 심으면 콩이 아닌 팥이 나온다. 죄를 지으면 죗값을 받고 선행하면 선업을 되돌려 받는다. 성내고, 탐욕스러웠고, 질투를 일삼으며, 남에게 원한을 품고, 불필요한 성욕에 사로잡히고, 지나친 근심을 하고, 낚시와 같은 취미로 잔인함을 보였다면 결과는 확실하다. 또한 늘 중생을 위해 자비를 베풀고 작은 생명 하나조차 귀중히 여기며 살아왔다면 그 결과 역시 뚜렷하다.

원인과 결과는 뚜렷한 증인인 셈이며 업이 늘 빈틈없이 감시하는 것과 마찬가지다. 물리화학적 현상처럼 연이어 이어지기에 여기에 신이 관여할 여지가 없다.

딕빠 깔낙[업경대]. 세상이 꾸려진 것은 까르마[업]에 의해서다. 무수한 까르마들이 지금도 생산되어 뒷날을 만들어가고 있다. 내 개인적인 까르마를 잘 살펴야 세상물정 안다고 말할 수 있으리라. 인생이란 인과의 법칙에 따라 선물을 받아 즐겁고 부채를 갚아야 하기에 괴로운 삶을 반복하며 산다. 업경대에서 나를 비춰보는데 가슴 안이 도리어 환히 보인다. 바위가 그런 식으로 일깨운다.

'신이 예정하지 않은 그 어떤 일도 그대에게 일어나지 않는다'는 말은 잘 살펴보아야 한다. 그것은 신이 아니라 업이 일으키는 것으로 자신이 했던 말, 행위 및 생각의 결과다. 더구나 '신이 있다면 왜 이렇게 불공평한가!' 탄식 역시 잘못되었으니 신이 관여한 바는 없고 앞으로도 없을 것이며 그것이 발현되는 시간의 차이는 있을지언정 오로지 원인과 결과라는 까르마 물결로 이루어지는 일들이다. 즉 신神을 숭배崇拜하는 일이 필요한 것이 아니라 까르마를 정화하기 위한 수행修行이 절실한 것.

> 여자애에게 가는 걸 비밀로 해줘
>
> 비밀로 했는데 눈 위에 발자국이 나버렸네
>
> —6대 달라이 라마의 시詩 중에서

세상은 참 신묘해서 눈에 보이지는 않지만 작은 동작 하나하나가 파장, 파동 그리고 파도를 일으키며 계에 남겨져 연속적인 작용을 일으킨다. 마치 물위를 걷는 사람처럼. 혹은 아무리 비밀리 일을 꾸며도 눈 위에 남겨지는 발자국처럼.

비밀은 없다.

까르마가 중요한 이유는 무엇일까?

내가 아무리 건강한 몸을 가지고 있다 해도 세월 속에 무너진다. 내가 아무리 많은 인간관계를 유지해도 때가 되면 사그라지기 마련이고, 백억 이상의 커다란 재산이 있다 해도 죽은 후에 가지고 갈 도리가 전혀 없다. 명성이란 또 어떤가, 마찬가지다. 그렇다면 내가 낡은 육신을 벗어놓고 삶을 마감하는 순간 남는 것은 도대체 무엇인가? 오로지 까르마[業]인 게다.

1대 달라이 라마는 설법한다.

"죽음의 순간에 이르면 주위에 아무리 가족과 친구가 많아도 혼자 저세상으로 나갈 뿐이다. 먹을 것과 마실 것이 그득한 찬장을 소유하면 무엇 하는가. 우리는 빈손으로 떠나야 할 것이다. 아무리 값비싼 옷을 입었다 한들,

태어난 때처럼 벌거숭이로 저세상에 돌아가야 할 것이다. 우리 생이 시작된 이후 우리와 함께 해온 이 사랑스런 육체 역시 우리에게서 분리될 것이다. 하물며 다른 물질적 재산이야 말해 무엇 하겠는가. 죽음 이후에도 우리를 따라오는 것은 무엇인가? 좋은 업보이건 나쁜 업보이건 우리가 이 생에서 일군 업보의 씨앗들뿐이다."

가지고 갈 수 있는 것이 돈이 아니고, 명예도 아니며 오로지 까르마라면 그것 잘 만들어야 하지 않을까. 즉 쉬이 가는 세월 속에 신속하게 까르마를 정화시킬 필요가 있다. 그것이 전쟁터의 군인이, 윤회의 밭의 농부가, 고해의 바다에서의 어부가 제 자리 찾는 길이며, 진화가 가능한 마음을 신속하게 전변시키는 길이기도 하다. 마음공부를 하는 사람이라면 이제 자신이 벌이려는 일이 어떤 결과를 불러오는지 알 수 있으니 불꽃에 끌려들어가는 불나비 짓은 피하며, 원인이라는 업을 쌓지 않는다.

바위 앞에서 걸음을 멈추고 바위에 대한 티베트인들의 예우를 바라본다. 오늘 하루는 아침부터 맑아 하늘이 쾌청하다. 될마라를 향해 오르는 길은 해 뜨는 동쪽으로 나가는 길이기에 선글라스가 없다면 앞을 바라보기 어려울 정도로 불편하다. 티베트인들도, 인도인들도 모두 색안경을 착용했으나 업경대 바위 앞에서는 안경을 벗고 바위를 찬찬히 뜯어본다. 한 아주머니는 자신의 아이를 번쩍 들어 올려 아이의 이마를 반반한 바위 면에 댈 수 있도록 배려한다. 고르지도 않은 땅에 황망히 엎드려 오체투지를 올리는 티베트인들도 있다. 바위의 기운이 세차다.

미라래빠와 나로뵌충이 충돌했던 자리는 강 린포체〔카일라스〕 일대에 여러 곳이 있다. 딕빠 깔낙〔업경대〕 근처에도 또 하나가 있어 부산한 치성을 받는다. 기적의 현장이라기보다는 설치미술의 아름다움처럼 느껴져 손으로 일일이 어루만져본다. 그런데 의외로 선기가 찌릿하게 느껴진다.

공업이라는 개념

그렇다면 여기서 한 가지 의문이 생긴다. 왜 저렇게 많은 사람들, 즉 티베트라는 커다란 단위에서 외세 침략이라는 고통을 티베트인들이 동시에 받아야 하는지.

업業이라는 개념은 개인적으로 받는 별업別業과 집단으로 받아내야 하는 공업共業, 두 가지로 나눌 수 있다. 부파불교의 『구사론』에서부터 이 개념이 등장한다. 한 집안에 부도와 같은 불행이 찾아와 모든 가족이 고통 받는 일이 공업이며, 집안뿐 아니라 티베트와 같은 한 나라의 국민들이 대부분 고통을 겪게 되는 일, 역시 공업이라 칭하게 된다.

공업의 특징 중에 하나는 내가 저지른 일이 점차 파장을 일으켜 다른 사람들에게 불편한 일이 될 수도 있고, 남의 행동이 시간이 지나면서 우리 다수에게 좋지 않은 결과를 가지고 올 수도 있다는 점이다. 많은 유무정들에게 공통적으로 전해지는 과보를 일컬으며, 내가 개인적으로 저지른 일이 아님에도 불구하고 훗날 부정적 혹은 긍정적으로 직접 영향을 받게 되는 현상.

아무리 착하게 산 구루지가 있다 해도, 깨달음을 얻은 명안종사가 있다 해도 그의 토굴에도 집중호우가 내리고, 강추위가 찾아들며, 이교도가 침략하여 모진 매질을 받는 경우다. 공업에 의한 현상들은 이미 우리들 세상에 기상이변, 대규모 질병, 전쟁 등등으로 계속 찾아오고 있다.

이런 것들은 신이나 붓다가 관여하는 일이 아니기에 아무리 기도를 하고 단식을 해도 막무가내로 거칠게 찾아와 큰 결과를 남기게 되어 있다. 이 현상은 신이 아니라 오로지 과거의 것들이 힘을 합쳐 찾아오는 공업이 배후에 존재할 따름이다. 모든 일은 네 덕 내 탓이며, 세상 덕이고 내 탓이라는 생각을 갖는 일이 옳아 보인다. 업의 법칙을 잘 안다면 이것을 어느 정도 완화할 수 있겠다.

이곳 딕빠 깔낙(업경대)은 심판에 대한 반영이다. 만일 한 사람이 죽어 명계에 들어가면 어떻게 될 것인가. 『능엄경』의 '악이 나타나는 업경業鏡과 화주化主가 있어 지은 죄를 드러내고 모든 일을 비추어 본다' 라는 구절이 대답이 된다. 명계에는 업을 비춰보는 거울이 있다는 이야기니 죽은 자가 자신의 악행을 스스로 털어놓을 것도 없이 거울에 비춰지는 그 사람의 죄를 두루마리 종이에 쓰고, 그 두루마리 무게를 달면 된단다. 무게의 경중輕重에 따라 가야 할 곳이 결정된다고 한다.

이것을 곧이곧대로 받아들이기엔 너무 공상과학 같다. 그러나 티베트 사람들은 이 이야기에 대한 의심이 없는 듯 바위에 온갖 치성을 아끼지 않는다. 작은 틈에 몸을 넣고 온몸으로 자신의 업이 녹기를 간구한다. 아이가 이마를 곧바로 떼자 오랫동안 대고 있으라고 다시 바위에 이마를 붙여준다. 아이의 이마를 오랫동안 바위에 누르는 한 티베트 여인을 보니 해탈이 아니라 구원을 가르친 내 모친이 생각난다.

내 어머니는 나를 어떻게 했을까. 착한 일을 하면 하늘나라에 꽃이 한 그루 심어진다고 했다. 착한 일을 많이 한 신부님들은 너른 꽃밭을 가지고 계시고, 나는 아무것도 없는 거친 밭떼기라 하셨다. 지붕이 높아 춥고 햇살이 잘 들지 않아 어둑한 성당에 가서 꽃을 하나 심는 일을 권했지만 뒷산으로 내뺐다. 하늘나라의 꽃밭을 가꾸는 일보다 산에서 나무 기둥을 타고 오르고, 산언덕에 서서 가끔 뗏목이 흘러내려오는 강물을 내려다보는 일이 더 좋았다. 더구나 풀밭에 누워 하늘을 마주볼 때 저렇게 투명한 하늘 어딘가에 고체덩어리가 있고 그곳에 꽃이 심어진다는 이야기는 아무래도 현실 같지 않았다.

그런 의심은 쭉 지속되었다. 만일 내가 그 의심을 20대에 이르기 전까지 더욱 진지하게 파고들었다면 지금쯤 수행자로 토굴에서 정진하고 있었으리라. 그러나 어쩌랴, 모두 내 업인걸.

사람이 죽고 나면 육신은 이 자리에 남아 분해되는 제 길을 가며, 마음은 낮은 차원에 속해 있는 의식들이 소멸되면서 더욱 깊은 차원에 있는 미세한 마음 안으로 슬며시 녹아 들어간다고 한다. 이때를 티베트불교에서는 통상 바르도Bardo라 부른다.

사실 바르도를 엄밀하게 이야기하자면 지금 일상의 생활을 하면서 살아가는 바르도, 죽음을 맞이하며 죽어가는 바르도, 다르마따Dharmata라는 밝게 빛나는 바르도, 자신의 까르마에 따라 다시 생성되는 바르도, 이렇게 네 개의 바르도가 있어 순환하게 되며 첫 번째가 우리네 삶이란다. 첫 번째 일상의 바르도는 잠과 꿈의 바르도, 명상의 바르도로 나눌 수 있다. 다르마따 바르도는, 물론 죽음이란 이보다 깊고 강하지만 쉽게 풀자면, 우리가 잠이 들고 꿈이 일어나기 전 사이에 해당한다.

죽음과 거의 동시에 활성화되는 업에 따라 어떤 사람은 무시무시한 경험을 하고, 어떤 사람은 즐거운 상태가 된단다. 힌두교 『바가바드 기타』의 '죽음의 순간에 마음을 지배하고 있는 것이 다음 생을 결정한다'는 이야기는 같은 것에 대한 다른 표현이다. 사고로 죽지 말아야 하며 죽을 때 변해가는 의식을 잘 살펴야 하는 이유다. 내일 새벽 네 시에 일어나고자 긴장하고 잠드는 것처럼 죽음을 즈음해서 식識에 다음 계획을 잘 챙겨둔다.

붓다는 윤회하는 '자아'는 없다고 말했다〔無我〕.

그러면 무엇이 윤회하는 것일까?

하나의 생을 다른 생으로부터 이어받게 하는 어느 정도 연속성을 가진 의식意識 에너지가 있다. 그 에너지에 다음 삶에 대한 계획을 잘 담아두는 일이 필요하지 않겠는가.

무아라는 것은 나라는 자체가 아예 없다는 이야기가 아니라 나라고 할 만한 것이 없다는 이야기로 이것은 이런저런 조건에 따라 이 몸이 형성되었음을 뜻하는 바다. 그렇다면 이 의식에너지를 잘 통제할 수 있다면 자신이 선택한 환경에서 태어날 수 있다. 그것을 영적에너지의 깨달음으로 볼 수 있으며, 그 깨달음이 바로 '우리의 은신처, 우리의 낙원이 되고, 우리의 주인, 우리의 보호자가 되고, 길의 증인이자 안내자'가 된다.

일반적으로 시간이 지나면서 업이 충분히 발현되면 이제 다시 태어난다. 하지만 태어났다고 전생의 의식이 모두 들어온 것은 아니다. 아이들이 태어나서 계속 잠을 자는 것은 지난 삶의 대량의 식이 연속성을 위해 새로운 몸에 들어오는 과정으로 보면 된다. 곤충 혹은 동물들은 아무리 덩치가 크다 해도 태어나자마자 걸을 수 있지만 사람은 그 정보량이 엄청나게 커서 오랫동안 잠을 자며 정보를 다운로드, 즉 받아들여야 한다. 다운로드가 완전히 끝나는 서너 살 나이가 환생자를 찾기 딱 좋은 시간대가 된다.

여기서 하나 생각해 볼 일이 있다. 가끔 불교의 환생 이야기를 들으면 뱀으로 태어난다, 개로 태어난다, 등등 지나치게 황당한 것이 있다. 이런 이야기를 들으면 나처럼 요즘 과학을 하는 사람으로는 어리둥절하다. 그런데 사람으로 살면서 개처럼 먹고 이성을 보고 달려드는 일만 하고, 돈만 밝히며 산다면 그 사람 무의식에 남아 있는 것은 개의 그것이다. 그 의식이 다음에 몸을 찾을 때 자신의 의식에 맞는 감당할 그릇을 찾아야 하는바 어떤 육신이라는 수용체를 찾아갈까. 살아서 개 같은 행동과 생각이 아니라 높은 이야기를 듣고 다르마를 도모했다면 이 의식에너지는 다음에 어디로 갈까.

이제 업경대에 모였던 티베트인들은 고개를 향해 다시 올라갔고 이제 내 순서다. 업경대에 머리를 대고 내가 받은 업, 내가 지은 업을 생각하지만 도무지 뒤죽박죽이라 도대체 무엇이 잘못한 일인지, 잘한 일인지 아무런 생각이 없이 다만 차가운 바위 기운이 이마에 들어올 따름이다. 지난 삶이 순서 없이 이어지는 꿈과 같고 모든 일이 한바탕 꿈처럼 부질없어 보인다.

살기는 살았던 것일까?

고산증이라면 고상한 고산증이다.

업이 중요한 이유는 이것이 해탈의 근원이며 뿌리가 된다는 점으로 모친의 말씀처럼 꽃을 심는 일이 된다. 붓다의 전생담은 물론, 수많은 구루들의 과거사의 회상을 본다면 과거의 수행과 자비실천들이 좋은 업이 되어 훗날 붓다에 이르렀다는 이야기로 넘쳐난다. 해탈의 진입이 목표인 사람이라면 우선 다스릴 것이 업으로, 잡초는 뽑고, 좋은 일로 꽃을 심어 향기로운 촉싱[나무 혹은 福田]을 가꾸는 일이리라.

이마를 떼고 나서 탄식한다.

"나는 아직 잡초가 무성하며 구석구석 미처 치우지 못한 술병들이 나뒹굴고 있구나."

그러나 고맙게도 내 업이 나를 이곳 강 린포체[카일라스]까지 이끌어왔다. 삼십대 중반에 심출가心出家로 집을 나서 마음으로 집보다는 산을 택하며 인도, 네팔, 파키스탄, 티베트 등 히말라야가 있는 곳이라면 어디든지 찾아가 자연에게 배우고, 사람들에게 거듭 배우며 지내왔다. 이것이 어디 나의 의지만으로 가능했겠는가. 과거세의 내가 오늘의 나를 도왔으며, 반대로 과거세에 저질렀던 것들이 오늘의 나를 내밀하게 방해하고 있다. 선한 까르마는 증폭되어 '잘 심은 반얀나무 씨앗은 그 크기가 깨알만큼 작지만 훗날 거대하게 자라 자신의 그늘 밑에 오백의 마차가 들어가 쉰' 다고 한다. 작은 씨앗 안에는 거대한 망고나무를 일으켜 수백 명에게 행복함을 줄 수 있는 것이 숨겨져 있다 한다. 그러니 선한 씨앗은 스스로 깨달음을 얻고, 이어 많은 중생을 위해 가림막이 되어줄 수 있다 한다.

지난 것은 어쩔 도리가 없다. 다만 오늘 이 자리에서부터 공성이 지혜를 파악하고 자비를 바탕삼아 큰 산 칡넝쿨만큼 뿌리 깊은 습習을 뽑아내며 앞으로 나가자고 다짐한다.

시선 높이로 햇살이 예리하게 들어온다. 뒤를 돌아보면 해발 5천 미터를 넘어선 지 오래라 하늘이 지독스럽게 검푸르다. 순례객들은 마치 새 생명이 태어났다가 죽음으로 사라지듯 끊임없이 업경대 바위까지 올라왔다가 시력을 모두 사라지게 만드는 동쪽 광휘 속으로 사라진다. 중음으로 빨려 들어가듯 신비롭다.

아직 업의 노리개인 나 역시 일어나 순수의 빛을 정면으로 받으며 동쪽으로 간다. 지금 막 업경대에 도착한 사람들은 이제 내가 저 빛으로 가득한 세상으로 몰입하며 사라져가는 모습을 보게 될 것이다. 등 뒤로 평소에 달고 다니던 평생 업보 구부정한 그림자는 아예 보이지 않으리라.

최고점 될마라에 도착한다

이곳을 지나면서 길은 갑자기 일어선다. 해발고도 5천660미터의 정상까지는 멀지 않으나 경사도가 높다. 이 정도 경사도라도 저지대에서는 쉬이 올라갈 수 있으나 이미 5천 미터를 넘어선 고도 탓에 몇 걸음 떼고 쉬고, 다시 몇 걸음 떼어놓은 후 가쁜 숨을 몰아쉰다. 한 줌의 산소라도 더 움켜쥐기 위해 폐는 측은할 정도로 벌떡거린다. 심장은 달리는 말의 보폭처럼 빨라지기에 가슴 쪽에서 느껴지는 감각이 평소와는 다르다. 안락함이라고는 찾을 수 없는 모든 순례자들의 가쁜 숨소리, 기침소리가 스며있는 길이다.

티베트 스님들은 6천 미터가 넘는 고개를 넘어가야 하는 경우가 많다. 이때 심장이 너무 빨리 뛰다가 갑자기 멈춰버리는 일을 방지하기 위해 '각자 자신의 신체 움직임을 살피고 이상이 있으면 멈춰야 하며, 호흡에 맞추어 걸음을 떼고, 정신을 집중시키는 옴마니밧메훔에 맞추어 호흡을 하면서, 피부의 한기에 맞추어 뚬모를' 한단다. 내가 할 수 있는 일이라고는 심장의 달리기를 살피고 호흡에 맞추어 옴마니밧메훔, 만뜨라를 일치시키는 일뿐이다.

보통 이 고개에서 약한 힌두교도들이 많이 사망하는 것으로 알려져 있다. 그러나 최고의 종교심으로 무장되어 있는 순간, 오랫동안 기다리고 준비한 성지순례의 완성으로 마음이 숭고함으로 가득 차 있는 순간, 이때의 죽음은 자신의 성취로 보았기에, 비단 죽음에 이르러도 도리어 남아있는 사람들로부터 한없는 축복을 받았다.

많은 순례자들과 억척스러운 야크 발자국이 군데군데 녹지 않은 눈 사이에서 비교적 단단하고 안정적인 오름길을 만들어냈다. 무게를 가진 것을 끌어내리려는 중력과 기어이 올라서겠다는 내 의지 사이에서 몸은 괴롭다. 그러나 한 걸음 한 걸음 올라설 때마다 흥미진진하며 묘한 기쁨이 솟는다.

"나는 15년을 기다려왔다고!"

고통은 피할 이유가 전혀 없다. 티베트 속담에는 고통이란 '온갖 부정적 까르마를 쓸어내는 빗자루'라 하니 우연히 찾아오는 사고로 인한 정신적 육체적 고통은 물론 자발적인 순례를 통해 만나는 이런 고통을 도리어 반기는 자세가 필요하다.

풍경은 높이 오를수록 이상하게 점점 익숙하며 다정다감하다. 마치 몇 번이나 와 보았던 사람처럼. 비록 고산증에 의한 착각이라도 이곳은 이미 해발 5천660미터 될마라 정상 막바지. 21마리 늑대가 몸을 합쳐가며 하나의 바위를 만들었다는 자리. 일대는 예사롭지 않은 묵직한 기운이 맴돌고 있다. 현란한 깃발들이 바위를 눈부시게 장엄하여 육중한 분위기를 덜어낸다.

서너 번 올라본 친숙한 느낌이다. 강 린포체〔카일라스〕를 걷는 동안 마음 안에서는 지금껏 알지 못했던 어떤 심상들이 발견된다. 혹은 튀어나온다. 그것들이 도대체 어디서부터 온 것일까? 전생에서부터의 기별일까, 그때 기록되었던 것들이 성지를 걸으면서 디코딩 되어 튀어나오는 것일까.

우측으로는 톱니바퀴처럼 생긴 봉우리들이 사선으로 비스듬하게 이어지고, 하늘로 솟은 절벽 아래로 녹지 않은 얼음덩어리들이 육중하게 자리잡았다. 가능하면 두 발뿐 아니라 두 손까지 이용해서 지그재그 급한 길 옆 바위들을 맨살 어루만지듯 쓰다듬고, 만지고 때로는 움켜쥐면서, 기어오르듯이 진행한다. 점점 하늘이 낮아지며 경사도가 한 풀 두 풀 꺾여간다.

정상 부근에는 거대한 바위가 치성을 받고 있다. 주변에는 온통 깃발이 뒤덮여 바람에 흔들린다. 강 린포체〔카일라스〕 꼬라 중에 가장 고도가 높은 해발 5천660미터의 될마라 정상의 될마 바위로 괴창빠를 인도했던 21마리의 늑대가 이곳에서 차례차례 뭉쳐져 육중한 바위가 되었단다.

드디어 꼬라의 최고 정점에 이르렀다. 늑대바위라기보다 하늘을 날던 용이 물고 가다 내려놓은 커다란 여의주처럼 보인다.

일단 호흡을 가다듬는다. 기다린다. 몸과 마음이 이 자리에서 익숙하도록 또 기다린다.

다시 기다린다.

햇살이 그윽이 양명하다. 이제 달쵸를 꺼내고 만뜨라를 외운다. 달쵸에는 이미 여러 가지 소원을 써왔다. 그 중에는 스스로 보아도 안쓰러운 욕慾의 반영도 있고 원願을 세운 글도 적당히 섞여 있으니 약속대로 달라이 라마의 장수를 기원하는 원과 티베트가 티베트인들의 손으로 속히 돌아가기를 바라는 원이 함께 적혀 있다.

다른 사람들의 달쵸 옆에 내 것을 걸어 묶으면서 만뜨라를 외운다.

"이루어질 일들은 신속하게 이루어지고, 이루어지지 않는다면 이루어지는 길로 가는 밑거름이 되게 하소서."

합장하고 있는 동안 티베트 사람들이 연이어 도착하며 외친다.

"쏘오 쏘오 라우갸로(우리의 신이 승리했다)!"

경전이 새겨진 종이부적을 허공에 날리며 한껏 고함지른다. 고원의 맑은 바람, 광활하고 투명한 블루벨벳 하늘에 소원이 흩날린다. 아름다운 색조의 색종이들이 무지개처럼 화려하게 보이더니 자신의 색을 잃고 허공에서 빛으로 화한다. 하늘은 순수함과 해방감을 품고 있어 내 화택 지붕은 이미 날아가 버렸다. 그들은 이제 곧바로 기념촬영에 들어간다. 마치 추운지역에서 서로의 체온을 나누려는 모습처럼 어깨에 어깨를 밀착하고 될마라 도착이라는 일생일대의 소원을 풀었다는 듯이 그지없이 행복한 표정들을 짓는다. 얼굴이 곧 자연이구나! 모습으로 보아 라싸빠(라싸 사람)들은 아니다.

내 원이 반드시 이루어져 티베트 사람들의 것을 저들 티베트 사람들이 쓸 날이 오겠는가? 티베트의 지도자가 티베트 사람들을 위해 티베트에서 자유롭게 법문을 할 날이 오겠는가?

필경 반드시 오리라.

그런데 갑자기 울음이 터져 나왔다. 주먹으로 훔치려했지만 잘 되지 않았다. 두 손으로 얼굴을 가렸는데 금방 손이 축축해졌고 얼굴에서 눈물이 마구 떨어져 내렸다. 서러운 것도 없는데 햇빛과 바람 속에서 그렇게 한바탕 울었다.

◉ 25

힌두교의 초절정 성지 가우리꾼드

그는 과거를 생각하면서 평화로운 마음으로 죽음의 문을 통과해서는 자비로운 어머니 될마의 눈덮인 언덕으로 들어섰다. 그의 발밑에 순수한 에메랄드빛 호수가 보였다.—그 에메랄드빛이 바로 될마의 빛이다—티베트 사람들은 그 호수를 은총의 호수라 불렀고 힌두교도들은 그것을 가우리꾼드라고 불렀다.

—라마 아나가리카 고빈다

가우리, 고행 끝에 얻은 이름

● ● ●

뚝제쵸Tukje Tso, 뚝제첸뽀쵸Tukje Chenpo Tso 혹은 욕쵸Yok mTso, 이렇게 은총의 의미가 들어간 여러 이름으로 부르는 호수는 정말 눈이 시원해지는 에메랄드그린 빛이다. 얼음이 녹지 않아 주변에는 하얀 테를 두르고 있다. 이 호수는 티베트인들에게는 칸돌마[다끼니]가 목욕하는 곳이며 에메랄드 호수 빛은 바로 녹색 될마[녹색 따라]의 피부 빛과 똑같다고 생각해 신성시했다. 티베트인들은 하늘의 천신이 지신地神들을 통해 대지 이곳저곳에 호수를 만들었으며 그런 호수에는 하늘의 법력이 스며 있어 목욕하거나 마시게 되면 몸과 마음이 정갈해지고 죄악이나 질병이 사라지는 것으로 여긴다.

그러나 이 호수에 관한 한 티베트 사람들의 이런 이야기는 힌두교도들의 가치와 비교하면 도리어 가벼운 편이다. 이 일대는 힌두교에서는 사연이

깊다 못해 절대성지이며 성지의 지존으로 대접받는다. 사파이어 빛 호수 주변에 힌두교 수행자들이 모여 있다. 햇볕이 금빛으로 호수를 향해 떨어지는 가운데 만뜨라 합창소리가 끊이지 않는다.

단 한 그루의 나무 없이 사방에는 크고 작은 바위가 던져진 듯 흩어져 있는 탓에 소리가 잘 전달된다. 바람이 세차면 신을 찬양하는 소리가 사라졌다가 바람이 잦아들면 목소리가 슬며시 살아나 웅얼웅얼 마음 편해지는 진동이 위로 올라온다. 용감한 누군가가 발가벗고 얼음구덩이 한쪽에 들어가 있다. 오랜 수행으로 다져진 몸이 아니라면 저 얼음 속으로 성큼 들어갈 수는 없었을 터, 그의 도력이 먼발치에서 엿보인다.

될마라를 넘어서면 곧바로 샤마리동뽀 봉우리 아래, 우측으로 호수가 이렇게 자리 잡고 있다. 호수는 계절에 따라 모양, 크기 그리고 빛이 달라진다고 한다. 한국에서는 찜통더위가 시작되는 6월 중순인데도 해빙이 일어나지 않았다. 해발 고도는 5천500미터, 크기는 축구장 크기 정도다. 힌두교도들이 이 호수를 하얗다는 의미의 가우리〔白〕와 호수의 꾼드〔湖〕를 합쳐 가우리꾼드라 부르니 우리말로 하자면 하얀 연못〔白湖〕이 되겠다.

파르바티는 쉬바의 두 번째 아내로 몸이 검거나 하얗게 나타나는바, 검은 모습으로는 깔리, 짠띠까 그리고 두르가며, 반대로 하얀 모습으로는 가우리가 있다.

많은 힌두교도들이 꿈꾸는 초절정 성지 가우리꾼드. 평소 쉬바신 아내의 전용 고행처이자 전용 욕탕이다. 가네쉬의 탄생지이도 하기에 힌두교도들에게 명성 자자한 최고 전당이다. 히말라야의 여러 곳에 같은 이름을 가진 유사 가우리꾼드가 있으나 이 자리가 바로 원조다.

쉬바의 첫 번째 아내 사티는 전쟁 통에 태어나 쉬바의 아내가 된다. 브라흐마가 세상을 창조하는 중에 다이띠야 아수라 무리들이 고행으로 막강한 힘을 획득한 후 삼계를 삼켜버리기 위해 신들과 전투를 벌이던 중이었다. 쉬바와 비슈누가 나섰지만 조금도 상황은 바뀌지 않고 위협을 받는다.

이에 브라흐마가 지친 신들을 대신해서 참전을 선언하고 아들들을 부른다.

"나는 스스로 참전한다. 그러면 따빠스[苦行]를 할 수 없으니 너희들이 대신하여라. 고행을 통해 이 세상에 마하-마야[위대한 어머니]가 탄생하도록 기원해라."

자신들의 힘으로는 한계가 있으니 향후 보다 위대한 여성적 존재가 와서 세상을 구해달라는 기도를 올리라는 뜻이다.

이 말을 들은 브라흐마의 아들들을 포함해서 많은 신들이 따빠스를 시작한다. 얼마 후 기원의 힘은 발현되기 시작해서, 마하-마야가 나타나, 따빠스를 시행중인 신 중의 하나인 닥사를 지목하더니 그대의 딸로 세상에 오겠다고 약속한다. 이렇게 해서 사티가 태어나고, 이런저런 사연 끝에 아름다운 사티는 쉬바의 아내가 된다.

시간이 지난 후, 성자 두루와사스는 깊은 명상 끝에 이름답고 향기로운 화환을 얻게 되었다. 그는 이것을 목에 걸고 닥사 집으로 갔다. 닥사는 부러운 눈길로 화환을 물끄러미 바라보자 두루와사스는 주저 없이 선물했다. 닥사는 기쁘게 받아서는 자신의 내실에 걸어두었고 그 향기에 취해 자신의 아내와 관계하게 된다.

얼마 후 두루와사스는 자신이 준 화환이 신을 찬양하는 데 사용되는 게 아니라, 어처구니없게 최음제 역할을 한 점을 파악하고 저주를 내렸다.

"너는 네 딸 중에 막내딸과 그 남편을 미워해야 하리라!"

불화를 선물했다. 즉 공짜로 생긴 어떤 것들은 가족의 불화를 가지고 올 수 있다는 것을 암시하는 신화다. 이때부터 저주에 걸린 닥사는 막내딸 사티와 사위 쉬바를 미워했다고 한다.

다른 이야기로는 부부관계 후에 색이 변하고 탁해진 화환을 보고 사위 쉬바가 앞뒤 사정을 알아차리고 성자의 선물을 그런 식으로 사용했다며 장인을 나무라자, 닥사의 미움이 시작되었다고도 한다.

어느 날 신, 천사들 그리고 성자들이 모두 모여 희생제를 지내는데 사위인 쉬바가 자신에게 절을 하지 않고 간단히 눈인사를 올리자, 그렇지 않아도 밉상인데, 장인 닥사는 분노한다.

닥사는 참석자들 앞에서 쉬바에 대한 비난을 퍼붓는다.

"그는 수치심도 없고 남을 존경할 줄도 모른다. 그는 미친 정신이상자들의 친구로 죽음과 악령에 둘러싸여 발가벗고 지낸다. 그는 게으르고 나태한 하인들의 우상적인 존재다. 그는 시체를 파묻는 묘지에서 타다 남은 재를 몸에 바르고, 그 시체의 뼈를 목에 걸고 다닌다. 그는 잔인하고 흉포하다. 그는 수행원을 거느리지 않고 제멋대로 파묻어놓은 묘지에서 살고 있다. 그의 머리털은 타래 모양으로 묶여 있다. 그는 경사나 복을 주지 않는데도 불구하고 항상 경사롭고 빛을 준다는 뜻인 쉬바라고 불리는데 그것은 대단히 유감스러운 일이다. 나는 본의 아니게 나의 딸을 그에게 주었다."

다른 신들 앞에서 자신의 사위를 대놓고 욕했다는 것인데, 재미있는 것은 쉬바가 누구인지, 무엇하고 지내는지 험담 안에 다 들어있다는 점.

쉬바의 사랑스러운 아내 사티는 자신의 아버지가 남편을 무시하는 일을 참을 수 없었다. 사티는 이 모욕에 대항하여 고급 요가인 자신의 태양총에 스스로 불을 지르는 방법으로 사마디samadhi에 들어간다, 즉 세상을 하직한다.

모든 일은 아버지의 애욕에서 출발되었다. 이런 연유 끝에 사건은 꼬리를 물어 사티는 스스로 태양총에 에너지를 집중하여 타버리는 일까지 생겼으니 이제 문제는 커졌다. 쉬바 성질이 어디 보통인가. 처갓집을 쑥대밭으로 만들어버리며, 까짓것 아내가 없으니 이제 세상 인연이 끝난 장인의 머리까지 한 칼에 뎅강 날려버린다. 신들은 쉬바에게 자비를 호소하고 닥사의 머리를 붙여줄 것을 부탁한다. 그러나 머리가 어디로 갔는지 찾을 도리가 없었고 브라흐마가 어디선가 염소 머리를 가지고 오자 염소머리를 붙여버리니 이후에 닥사는 염소머리, 즉 쁘라자빠띠가 붙어 닥사쁘라자빠띠Daksaprajapati라는 이름으로 불리게 된다.

여기까지는 가우리꾼드[하얀 연못]의 전주곡.

첫 번째 부인 사티는 이렇게 죽은 후 환생을 위해 히말라야 산신 히마반의 아내 메나의 딸로 뱃속에 들어온다. 이 사실을 알아차린 브라흐마는 아름다운 빛으로 인해 악마들에게 들통 날까 두려워 사신 니샤를 보내 태아를 검게 만들어버린다. 사티는 엄마 뱃속에서 10개월을 채우고 파르바티라는 이름으로 태어났으나 시커먼 얼굴에 모두들 사티의 환생이라고는 생각조차 하지 못했다.

후에 파르바티가 성장하고 자신의 남편은 오로지 쉬바라 생각하고 사티를 잃은 후 세상을 등지고 꾸준히 명상중인 쉬바를 찾아갔다. 그런데 쉬바는 눈도 뜨지 않고 깊은 명상 중에 무의식적으로 이렇게 말했다고 한다.

"깔리··· 깔리······."

파르바티는 '검다, 검다'는 이 말을 자신의 피부를 흉보는 것으로 생각했다.

"이 색의 피부로는 다시 쉬바 곁에 돌아오지 않으련다."

기어이 쉬바와 혼인하기를 원했던 파르바티는 쉬바와의 혼인과 자신의 얼굴이 하얗게 되기를 바라며 고행을 시작했다. 때에 이르러 고행이 커다란 에너지를 만들면서 브라흐마에게까지 전달되자 태아 시절에 피부를 검게 만들어놓은 장본인 브라흐마는 파르바티 앞에 나타나 말했다.

"이제 네 검은 피부는 사라지리라. 이제는 흰 연꽃〔白蓮〕 같은 피부를 가지게 되리라. 이제 사람들은 너를 가우리라 부를 것이다."

사랑하는 이를 향한 열망에 의해 고행 끝에 하얀 피부를 얻게 되었다는 신화다. 그녀는 이제 호수에 가서 자신의 얼굴을 비추어 보니 눈부시게 하얀 얼굴과 그 뒤로는 그만큼 하얀 눈을 뒤집어 쓴 설산이 보였다.

설산 곳곳에서 자리 잡은 가우리꾼드라는 이름의 호수에는 오늘도 히말라야가 가우리〔白色〕 그림자를 드리우며 파르바티가 하얀 설산, 즉 히말라야 산신 히마반의 딸임을 증명하고, 더불어 쉬바의 아내가 되기 위해 헌신하며 고행한 이야기를 대신 전하고 있다.

히말라야 곳곳에서 가우리꾼드라는 똑같은 이름으로 자신들과 파르바티와의 연고를 주장하고 있지만 가우리꾼드의 원조는 바로 강 린포체〔카일라스〕 북쪽의 이 호수로, 여신은 이 일대에서 고행을 했고 이 자리에서 변해버린 얼굴을 비춰보았다.

"옴 쉬림 흐림 글라윰 감 가우리 짐 스와하."

코끼리 머리, 가네쉬

이 호수는 파르바티의 전용 호수로 결혼 후에도 자주 이용했다. 결혼 후 파르바티는 이곳으로 목욕을 나와 벗겨진 때를 가지고 무엇을 만들까, 궁리하다가 아이 하나를 만들었다.

그리고 아들로 삼고 아이에게 일렀다.

"내가 지금 목욕을 하니, 입구를 잘 지켜라. 누가 가까이 오지 못하도록 잘 막도록 해라."

얼마 후에 쉬바가 돌아왔다. 그런데 아이는 쉬바를 못 들어가게 막는 것이 아닌가.

쉬바가 물었다.

"너는 도대체 누구냐?"

"나는 파르바티의 아들이다."

쉬바는 은근히 화가 났을 것이다. 파르바티의 아들이라면 자신의 아들이어야 하는데, 내가 왜 이 놈을 모르는 거냐!

들어간다, 못 간다, 계속 옥신각신 막아서고 밀리고, 그 와중에 쉬바는 분기탱천, 아이의 목을 날려버렸다. 소란으로 인해 밖으로 나와 본 파르바티는 목이 날아간 아이를 보고 분노를 일으킨다. 하늘이 흔들리고 대지 역시 진동하며 산들이 무너져 내리고 심지어는 강 린포체[카일라스]까지 흔들거렸다. 사태가 심상치 않게 진행되는 것을 본 쉬바는 마침 앞을 지나가던 자신의 부하 가나를 시켜 북쪽에 있는 첫 번째 생명체의 목을 가지고 오도록 했다. 그것이 바로 코끼리였고, 쉬바는 자신의 능력을 발휘하여 생명을 불어넣었으니, 머리가 코끼리, 몸은 아이 모습인 가네쉬가 세상에 나왔다. 쉬바는 장인의 머리는 염소로, 아들의 머리는 코끼리로 붙이는 그런 기술이 있다.

가우리꾼드는 파르바티가 고행한 성지일 뿐 아니라 이렇게 바로 가네쉬가 세상에 나온 자리다. 그는 형 스칸다와 함께 쉬바의 권속을 통솔하며, 쉬바의 군대를 다스리는 주인이며 장군이기에 가네파티ganepati라 부르기도 한다.

가네쉬 탄생에 대한 여러 가지 버전이 있으나 공통된 것은 이 자리를 중심으로 이런 사건들이 일어났다는 점으로 인도인에게서 온갖 복을 내려주는 가네쉬의 중요성을 살펴본다면 비교 불가한 절대성지가 되는 호수다.

환희천으로 불교에 진입했다

쉬바의 아들, 가네샤의 정확한 산스크리트 명은 난디케슈바라Nandikeshvra로 환희歡喜 자재自在롭다는 의미로 불교로 들어와 환희천 또는 성천聖天으로 섬겨진다. 불법을 수호하고, 중생에게 이익을 베풀고, 소원을 들어주어 성취시키며, 앞에 나타나는 장애를 제거하는 역을 맡았으니 힌두교에서의 역할 거의 그대로다.

티베트불교에서 이 환희천은 가네쉬 모습 그대로 머리는 코끼리, 몸은 사람의 상두인신像頭人身의 형상을 취한다. 가끔 남자와 여자를 껴안고 있는 쌍신환희천雙神歡喜天 모습도 만난다. 이때는 남자는 세상의 장애를 가지고 오는 부정적인 의미로 나타나며 대신 여자가 자신의 색, 성적인 에너지를 이용하여 이런 남자의 행동을 막아 불법의 수호신으로 거듭나도록 돕는다는 의미가 숨어 있다. 발상이 매우 흥미롭다.

인도인들에게 폭넓게 전폭적인 사랑을 받고 있는 몸은 사람, 머리는 코끼리인 힌두신 가네쉬. 가네쉬의 원적지가 바로 이 자리 가우리꾼드다. 위인들이 태어난 생가들이 각광을 받지만 신의 탄생지 가치에 비교가 되겠는가.

호수를 바라보는 동안 이 근처에서 일어난 재미있는 신화들이 드라마처럼 지나간다. 날밤을 새우며 눈에 쏙쏙 들어오는 힌두 신화를 읽었던 날들이 언제더냐. 인도에서 귀국할 때마다 빠짐없이 사가지고 오던 가네쉬 상, 가네쉬

엽서, 가네쉬 열쇠고리, 가네쉬 부적. 힌두교 신들을 내려놓았다고 이제 가네쉬와는 완전 이별이 아니기에 환희천으로 내 안에서 재탄생된다.

힌두교도들은 호수로 가기 위해 급한 너덜지역을 조심스럽게 내려간다. 둔탁하게 돌 구르는 소리가 연이어 난다. 누군가 뒤를 따라가는데 이번엔 돌 구르는 소리가 좋은 타악기를 두드리듯이 맑고 영롱하다. 호수까지 갈 힘이 없는 노구의 힌두가 다른 사람에게 물통을 건네주어 물을 받아오도록 부탁한다. 그곳까지 갈 수 없지만 얼굴은 엄마를 알아보는 아기처럼 환했다.

성지는 누가 뭐라 해도 성지다. 강 린포체 산괴 전체가 성지이지만 이곳은 수많은 사람들의 바람과 여법한 응공의 에너지가 뭉쳐져 바라보는 표정이 선선하게 달라진다. 그리하여 이곳에 부는 바람은 금풍金風이다.

◉ 26

사마리 동백, 언제 싹이 다시 트려는가

圓覺山中生一樹 원각산에 한 그루 나무가 살아있는데
開花天地未分前 하늘과 땅이 나누어지기 전에 이미 꽃이 피었네.
非青非白亦非黑 그 색은 푸르지도 아니하고 희지도 않으면 또한 검지도 아니하되
不在春風不在秋 봄이나 가을바람에도 영향을 받지 않네.

— 팔공산 비로암 보광명전 주련

태초에 나무가 있었다

가우리꾼드를 지나 눈이 쌓인 해발 5천200미터 정도의 벌판을 지나다 보면 전망이 바뀌면서 풍경이 선계仙界인 듯 기막히다. 산을 오르는 일을 사랑하지만 산 위에 놓인 이런 높은 길을 걷는 일을 더 사랑한다. 하늘을 향해 솟아난 기암기석들이 기기묘묘한 이런 곳이 바로 절경絶景이구나, 절경이란 단어가 새삼스러워진다. 인간이 세상에 등장하기 전, 지구 위에 분탕질을 시작하기 전 순수한 태초의 형상을 간직하고 있기에 세월을 아주 뛰어넘어 고대 어느 날을 걷는 기분이다.

텐트가 있다면 며칠 머물면서 하늘, 산, 구름, 눈을 아무 생각 없이 바라보고 싶은 곳이라 풍경과 함께 한 발 한 발 걷는 자체가 황홀하다. 다음에는 이곳에서 텐트를 치고 해돋이는 물론 산모퉁이에 찾아오는 자금색 노을

을 보고, 밤이면 굽어보는 은하수를 올려보면서 며칠을 지내야겠다고 다짐한다. 히말라야를 18년 걸으면서 아름다웠던 천국들이 모조리 수렴되어 어찔하고, 내 마음과 궁합이 맞는 지역이라 보폭을 좁히고 느린 걸음으로 나간다.

하늘을 향해 폭탄을 맞은 것처럼 일어선 봉우리가 보인다. 자세히 살펴보면 거목이 주저앉은 것처럼 보이기도 하고 각도에 따라 세월 속에 심하게 부서진 봉분 혹은 발우 같기도 하다. 될마라를 넘어서면 사방은 바위들로 인해 초현실스러운 분위기로 바뀌는 가운데 풍경과 잘 어우러지며 독특한 모습으로 시선을 급히 잡아끈다.

이 봉우리는 해발 6천8미터의 샤마리 동뽀Sharmari Dongpo다. 신기한 것은 멀지 않은 곳에 마치 쌍둥이처럼 거의 닮은꼴의 봉우리가 마치 쌍수雙樹처럼 함께 있다는 점. 떨어져 있는 봉우리 해발고도는 조금 낮은 5천806미터, 이름 역시 샤마리 동뽀, 똑같다.

샤마리 동뽀는 직역하면 해석이 어렵다. 배꼽 혹은 태반이라는 샤마Sharma, 산이라는 리Ri, 그리고 티베트에서 차를 만들 때 차, 버터, 소금, 물을 넣고 섞는 나무로 만들어진 교반기[믹서]인 동뽀Dongpo, 이런 단어들이 합쳐졌다. 일단 직역하면 샤마리는 배꼽산이며, 동뽀는 나무로 만들어진 차 만드는 기구다.

수미산 북쪽 하늘에는 금으로 된 빛이 있어 동방을 비춘다. 동쪽 하늘에는 은으로 된 빛이 있어 동방을 비춘다. 수미산 서쪽 하늘에는 수정으로 된 빛이 있어 서방

될마라를 넘고 가우리꾼드를 지나면 봉우리들이 숲처럼 일어선 지역을 나가게 된다. 풍경으로 치자면 강 린포체[카일라스] 일주 중에 손꼽을 수 있는 장소다. 그동안 보았던 풍경에서 외연을 넓힐 수 있는 색다른 곳이라 고도와 상관없이 꿈을 꾸듯이 가뿐히 걷게 된다.

을 비춘다. 수미산 남쪽 하늘에는 유리로 된 빛이 있어 남방을 비춘다.

울단왈에는 큰 나무왕이 있어 암바라菴婆羅라 이름하며, 둘레는 칠 유순, 높이는 백 유순, 가지와 잎은 사방으로 퍼져 오십 유순이다. 불우체에도 큰 나무왕이 있어 가람부加藍浮라 이름하며, 둘레는 칠 유순, 높이는 백 유순, 가지와 잎은 사방으로 퍼져 오십 유순이다. 구야니에도 큰 나무왕이 있어 근제斤提라 이름하며, 둘레는 칠 유순, 높이는 백 유순, 가지와 잎은 사방으로 퍼져 오십 유순이다. 또 그 나무 밑에는 석우당石牛幢이 있어 높이는 일 유순이다. 염부제에도 큰 나무왕이 있어 염부제라 이름하며, 둘레는 칠 유순, 높이는 백 유순, 가지와 잎은 사방으로 퍼져 오십 유순이다.

—『장아함』「세기경(世紀經)」〈염부제주품閻浮提州品〉

이 봉우리 둘은 바로 나무다. 불교의 우주관을 따르자면 태초에 세상이 만들어질 때, 공空에서 바람이 불고, 불꽃이 일어나고, 물이 생겨나더니, 대지가 일어나기 시작했고, 그 대지 중에 가장 먼저 생긴 것이 바로 수미산이라 한다. 수미산이 솟아오르자 이제 이어서 온갖 나무들이 자라났는데 바로 『장아함』〈염부제주품〉의 나무들이다.

그렇다면 샤마리〔배꼽산〕가 무엇을 의미하는지 단박에 나온다. 샤마〔배꼽〕는 중심이며 탄생의 상징으로 배꼽산은 바로 수미산이다. 동뽀는 나무로 만들어졌으며 그 모습은 원통형으로 길쭉하다. 그러니 대충 풀자면 '배꼽산나무' 이며, 조금 더 친절하다면, '태초의 산에 있는, 마치 동뽀〔교반기〕처럼 생긴 나무' 이렇게 된다.

과거의 강 린포체[카일라스]는 천국 같았다고 전한다. 티베트 스님들은 자신들의 지혜로운 안내자 구루에게 들은 이야기를 전하는바, 나무가 무성하여 태양이 녹색 잎들을 뚫고 내려와 초록 반점을 만들고, 온갖 꽃들이 피어나고, 동물들이 함께 살던 향기로운 녹음방초, 또한 열매들이 주렁주렁 백과난만百果爛漫이었단다. 한 발 더 나가자면 저렇게 나무 이름을 가진 봉우리는 정말로 나무였단다.

이 말을 들으면서 옳고 그름을 판단하기 시작하면 모든 것이 글러진다. 나무의 의미는 역동적인 모습으로 보자면 수직으로 바로 하늘을 향해 타협없이 곧바로 일어나며, 수직의 축은 고대인들에게는 우주의 축으로 해석되었으니 세상을 떠받히는 원주였다. '상부와 하부를 연결하고, 그와 같은 식으로 지하와 대기를, 둔함과 미묘함을, 어둠과 광명을, 대지와 하늘을, 물과 바람을 연결' 한다.

룸비니동산의 나무 밑에서 태어난 붓다는, 보드가야 나무 밑에서 정각을 이루었고, 쿠시나가르 나무 밑에서 세상을 마감했다. 나무로 만든 구유에 담아졌던 예루살렘의 아기 예수는 골고다 언덕에서 나무로 만든 십자가에 못이 박혔다. 더구나 내가 읽은 경전 모두는 종이이며 그것은 나무로부터 왔음을 무시할 수 없다. 인간의 삶은 나무와 유리될 수 없기에 봉우리가 나무였다는 이야기를 간단히 내려놓을 수는 없다.

그렇다면 왜 거대하고 위엄 있던 나무들이 모조리 사라지고 폭탄 맞은 봉우리 형상을 하고 있을까? 왜 우듬지들이 발기발기 찢기었을까? 원대하고 심원한 세상에서 마음껏 자라던 나무는 지금은 다만 기념물적으로 바위가 되어 우뚝 솟아 있을까?

산에서 나무들의 역할을 살펴보면 나무는 산의 옷이며 산의 보호자다. 수미산에 그렇게 많았던 나무들은 성산의 보호자였다. 나무는 자라면서 산의 신장神將 역할을 담당하기에 바위를 움켜쥐고 비바람이 산의 살점을 직접 때리는 일을 막아주며, 강한 햇살로 속살이 상하는 일을 예방하는 수호자다. 더불어 열매를 맺어 산을 숭배하고 산에 기대 사는 뭇 중생들에게 먹을거리를 제공하고, 꽃을 피워 눈을 즐겁게 하니 산의 권속까지 보살핀다. 옛사람들은 산에서의 나무의 역할이 무엇인지 잘 알았고, 신화에서 산을 등장시키면서 당연히 나무를 빼놓지 않았으리라.

사람들은 옛 시절에 신화적인 나무에 대해 많은 이야기를 했으며, 강 린포체[카일라스]와 관계가 있는 자이나교 역시 자신들의 구세주 리샤바나타Rishabhanatha 이전 시기에는 이런 나무가 열 그루 있었다고 한다. 나무 이름은 칼빠브릭샤Kalpavriksha, 쉽게 풀면 소원성취나무 정도가 된다. 맛있는 과일, 질그릇과 냄비(로도 사용할 수 있는) 모양의 잎, 즐겁게 노래하는 잎, 밤에는 환하게 빛나는 잎, 보기에 좋고 향기로운 잎, 맛이 좋은 음식 같은 잎, 보석이 열리는 잎사귀 그리고 아름다운 옷을 만들 수 있는 껍질을 제공하는 나무들이었다고 한다.

그런데 이런 것들이 모두 사라진 것은 바로 말법末法시대 탓이란다. 어찌 그렇게 되었을까. 지난 일 아득하여 물을 곳 없고〔往事微茫問無處〕 풍경만 남아 그동안의 일을 대변한다. 티베트 스님들은 이 산 전체가 하나의 닫힌 꽃봉오리로 본다고 했다. 다시 전륜성왕이 되돌아와 강 린포체〔카일라스〕가 꽃봉오리를 여는 날, 즉 우팔라〔우담바라, Utpala〕가 피는 날은 주변의 모든 것들이 제 자리로 돌아간다고 한다.

저 고목에 다시 꽃이 피겠는가〔枯木生花〕?

우주의 꽃을 다시 피우기 위해서 스스로 무엇을 참답게 해야 하는지 마음이 궁리토록 하는 봉우리다. 꽃밭을 지나온 말발굽에서는 향기가 나겠지만 건조한 사막을 달려온 말발굽은 먼지로 뒤범벅. 이제 말법의 시기에 숲이 사라진 이 지대를 지나는 내 마음에는 무엇이 흔적으로 남겨지는가.

강 린포체〔카일라스〕가 내게 주는 화두와 같다.

봉우리를 바라보면 주변 고지대의 아름다움은 밀려나며 도리어 생각이 깊어지는 자리다.

두 봉우리가 법문을 한다. 법문이 펼쳐질 때 그 깊이를 헤아리는 일이 필요하기에 잠시 멈춰 선다. 가령 구루의 법문을 듣고 '정말 법문을 잘하십니다! 목소리가 너무 좋으시군요!' 이런 말을 하는 일은 풍경에 넋을 빼앗겨 풍경을 탐하는 일과 같으며 '스승의 말씀의 뜻을 잘 새기도록 하겠습니다!' 마음으로 맹세하는 일은 법문을 제대로 듣는 것이다.

저 고목에 다시 꽃이 피겠는가〔枯木生花〕?

거의 비슷한 모습, 거의 비슷한 고도의 두 봉우리가 근접해서 일어서 있다. 한 시절 나무였다는 두 봉우리는 그 시절을 증거하며 오늘까지 주렴처럼 증인으로 남겨졌다. 말세가 끝나고 새로운 전륜성왕이 찾아와 사자후를 터뜨리면 다시 물이 오르고 잎을 내며 꽃을 피우리라는 봉우리.

저 스산한 고목이 몸을 열어가며 꽃이 피기를 기다리기 전에 내 안에서 먼저 새순을 내어 꽃봉오리 투덕! 화사하게 터지도록 해볼 지언저.

어느 찰나도 멈추지 않고 개화까지 진행할 지언저.

봄이 와 따사로운 햇볕이 지상을 찾아오면 꽃들이 오히려 스스로 활짝 피어나는 것〔花逢春猶自發〕이 비밀 아닌 비밀이지만 나는 아직 비밀을 열 수 있는 수준이 전혀 아니다. 샤마리 동뽀는 다만 아직 모자란 나를 향해 손가락으로 그곳을 가리키고 있을 따름이다.

27

미모의 여신의 집, 따시 째링마 포당

실로 산은 위대한 존재다. 이 세상 모든 존재가 다 산을 의지해서 살다가 마지막 죽어서도 그 속에 파묻혀야 하기 때문에 산은 어머니의 품안처럼 따뜻하게 느껴졌고 또한 아버지처럼 위엄있는 신으로 모셔졌다.
단군신화에서 보면 산은 신의 강림처로서 인식되었고 또 주거지이면서 마지막 죽어서는 산신이 된 것으로 이해되었다. 고구려의 골령은 하늘이 동명왕을 위해 직접 성을 지어준 봉우리라 전해지거니와 백제 금산사의 모악산은 우주의 축宇宙軸으로서 증산교에서 이해하고 있다. 말하자면 천신들이 지상에 내려올 때는 반드시 산을 이용하였기 때문에 산은 하늘과 땅의 중간매체로서 사람으로 말하면 배꼽, 머리의 가마와 같은 역할을 하고 있다고 믿었다.

—한정섭의 『팔십화엄경』 중에서

급경사를 내려간다

• • •

될마라를 지나 평원을 지나면서 고도는 슬슬 낮아진다. 그러다가 가슴이 탁 트이는 전망 좋은 자리에 이르면서 과격하게 뚝 떨어진다고 생각할 정도의 급경사를 만나게 된다. 이곳을 티베트 사람들은 미롱 툴Milong Thur이라고 부른다. 미mi는 부정어로 아니다는 뜻이고, 롱long은 시간을 말하며, 툴thur은 내리막이니 '(내려가는 데)오래 걸리지 않는 내리막 길'이라는 뜻이 된다. 앞에 펼쳐지는 풍경은 마치 펼쳐진 두루마리 그림처럼 시원하고 넓다.

이름을 믿으려면 여러 가지 요소를 이해해야 한다. 산길을 노루처럼 내달리는 티베탄들이야 이곳을 하산하는 데 오래 걸리지 않겠지만 나 같은 사

이 자리에서부터 아래 시냇물 건너기 전, 텐트 몇 동이 있는 곳까지가 급경사로 이루어진 미룽 툴이다. 계곡을 거슬러 흘러온 바람이 솟구쳐, 시원한 풍경을 바라보는 사람들의 옷을 펄럭이게 만든다. 될마라를 힘겹게 넘어온 사람, 오르막이 있다면 내리막이 반드시 있다는 말씀이 새삼스럽다. 이제 내려가기 쉽지 않은 곡예의 길이 시작된다.

람은 빤하게 보이는 아래 유목민 텐트까지 발밑을 살피며 한 발 한 발 공들여 발을 떼어놓아야 한다. 미룽 툴이 아니라 룽 툴이 되는 셈이 아닌가.

이른 아침 될마라를 넘어 인가 하나 없는 곳을 오랫동안 지나쳐 와야 하기에 건포도, 비스킷 등 준비물이 없다면 이쯤에서 저혈당으로 온몸의 기운이 모두 빠져나가게 마련이다. 기운이 모자란다고 느껴지는 것이 바로 그 증상으로 여기저기 외국인 순례자들이 지친 모습으로 앉아 있다. 가방을 뒤져보아도 이제 초콜릿 하나 남아있지 않다. 더구나 될마라를 넘는 것만이 목적이 아니었기에 이곳저곳에서 쉬고, 보고, 생각하고, 복습하며 풍경과 놀다보니 시간이 제법 늦었다. 그러나 더 이상의 오르막이 없다는 사실과 지금까지의 경관을 일거에 일신하는 시원한 풍경 풍취를 만나는 바람에 잠시 쉬었음에도 힘이 슬며시 충전되듯이 솟아오른다. 바람은 밑에서부터 거슬러 올라오며 대기를 더욱 맑게 만든다.

후들거리는 다리와 타협하며 내리막을 내려가면 우측으로 따시 쩨링마 Tashi Tseringma 포당이라는 봉우리를 만난다. 장수長壽는 티베트 말로 쩨링이다. 어머니는 우리말 엄마에서 엄을 떼어낸 마ma, 즉 쩨링마는 여성형으로 장수녀長壽女다. 따시는 앞에 흔히 붙는 행운 길상이라는 의미고 포당은 궁전이니, 따시 쩨링마 포당은 길상의 장수귀녀 궁전이 되겠다. 해발 5천779미터, 콧날이 오뚝하니 예쁘게 생긴 봉우리로 미모까지 갖추었다고나 할까.

따시 쩨링마는 파드마쌈바바 그리고 미라래빠와 연관이 있다.

미라래빠는 한때 딩마진 동쪽 골짜기에 머물렀다. 딩마진은 멀지 않은 곳에 설산이 병풍처럼 펼쳐지고, 그 사이로는 두 개의 강이 여유롭게 흐르며, 초지 위로 온갖 약초들이 자라는 아름다운 지역이었다. 미라래빠는 이 자리에서 정진했다.

가을 무렵, 딩마진 일대에 많은 주민들과 가축들이 열이 심하게 나고 부스럼이 돋다가 결국 피를 토하며 죽어가는 전염병이 돌았으니 예사롭지 않은 상황이 발생했다. 이런 와중에 빼어나게 아름다운 천녀가 미라래빠를 찾아와 미라래빠 주변을 일곱 바퀴 돌고〔右繞七匝〕, 아홉 번을 절한 후 말했다.

"스승이시여, 저희 주민이 무서운 전염병으로 고생하고 있습니다. 저와 함께 설산 너머 저편으로 가셔서 저희들을 도와주시지 않으시겠습니까?"

딩마진뿐 아니라 설산 저편까지 광범위하게 질병이 퍼져 있다는 이야기가 된다. 이런저런 과정을 거쳐 미라래빠는 아주레라는 설산지역에 도착한다. 그리고 인도하는 대로 천막 안을 들어가니 역시 매우 아름다운 소녀 모습의 천녀가 고통에 가득 차 신음소리를 내며 구원을 청했다. 사실 이들은 구면이었다. 이들은 미라래빠를 찾아와 깨달음의 마음을 일깨우는 고귀한 가르침을 구한 적이 있었다.

첫 만남에서 미라래빠는 이렇게 응답했었다.

"그대들이 정성과 열망으로 간구하니 가르침을 베풀도록 하겠다. 그러면 먼저 의식을 행하기 위한 만다라와 예물을 마련하도록 하라. 나는 세속의 재물과 쾌락을 구하지 않는다. 그대들은 각자 세속에 속한 신통을 바치고 이름을 밝혀보아라."

첫째, 가르침을 받을 자세를 알린 다음에 둘째, 자신들이 누구인지 밝히라는 것.

이에 천녀들은 예물을 바치기 위해 양손을 포개고 나란히 앉았다.

첫 번째 천녀가 말하였다.

"저는 우리들 가운데 큰언니인 셈입니다. 이름은 장수長壽의 귀녀貴女

따시 쩨링마Tashi Tseringma라고 하지요. 저는 자손을 많이 낳게 하고 보호하는 신통력을 바치겠어요."

그녀의 오른쪽에 앉아 있던 천녀가 이어 말하였다.

"저는 청안青顔의 귀녀 띤기섈상마Tingi Shalzangma라고 해요. 거울로 예언하는 신통을 바치겠어요."

띤기섈상마의 오른편에 앉아 있던 천녀가 말하였다.

"저는 착한 목소리를 지닌 왕관녀王冠女 쬐 뻰지상마Chpen Drinzangma라고 해요. 창고의 보물로 가득 채우는 신통을 존자에게 바치겠어요."

이어 쩨링마의 왼편에 앉아 있던 천녀가 말하였다.

"저의 이름은 불변귀녀不變貴女인 미요로상마Miyo Lozangma라고 해요. 식량과 재산을 모으는 신통을 바치겠어요."

미요로상마의 왼편에 앉았던 천녀가 마지막으로 말하였다.

"저는 덕행의 귀녀인 때까되상마Tkar Drozangma라고 해요. 가축을 번식하게 하는 신통을 존자에게 드리겠어요."

이리하여 미라래빠는 그들에게 차례로 가르침을 내려주었다.

이에 천녀들은 매우 기뻐하였다.

"저희들은 선생님께서 가르쳐주신 대로 실행하지 못한다 하더라도 가르침을 어기지 않도록 노력하겠어요. 저희들에게 베푸신 은혜는 잊지 않겠어요."

천녀들은 미라래빠에게 깊이 감사드리고 허리를 굽혀 그의 발에 이마를 댄 후 그의 둘레를 여러 번 돌았다. 그리고 몇 번이나 앞에 엎드려 예배드리는 등, 극진한 예의를 갖춘 후 떠나갔다.

바로 그들이었다.

미라래빠의 가르침을 받은 다섯의 천녀 중에 따시 쩨링마〔長壽貴女〕는 자신의 과거에 대해 말했었다.

"스승 파드마쌈바바가 인도에서 티베트로 처음 오셨을 때, 저희들은 그를 해치러 갔다가 그의 능력과 힘 있는 무드라에 압도되어 도리어 명령에 순종하고, 그에게 목숨을 바치며 봉사하기로 맹세했지요."

이 말 안에는, 자신들은 파드마쌈바바가 오기 전부터 티베트에 있었다는 점을 밝히고 있으니 즉 티베트 토속신土俗神이라는 이야기다. 그리고 불교에 귀의하여 불교 수호신이 되었다는 내용까지 함께 들어있는 셈이다. 이런 첫 인연이 있었고 이제 질병이 깊어지자 미라래빠에게 구원을 청했다.

미라래빠가 어쩌다가 이렇게 심한 질병에 걸렸는지 묻자 답한다.

"지난 여름 양치기들 몇 명이 근처에 와서 큰 불을 피웠어요. 그때 저는 연기로 질식할 것 같았죠. 그 후로 아프기 시작했어요. (중략) 저희들 입에서 나간 입김으로 인해 이 지방 사람들은 갖가지 질병에 걸리게 되었어요."

보자.

이들은 사람보다 높은 천녀인데도 질병에 걸려 고통을 받는다.

이것이 가능한가?

『대승기신론大乘起信論』에서는 '스스로 강한 정진의 마음을 일으키고 부지런히 모든 공덕을 닦아 자신의 구제와 다른 사람의 구제를 위하여 속히 모든 고뇌에서 벗어나도록 노력하지 않으면 안 되는 것이다. (중략) 신심을 가지고 보살도의 실천을 위해 애쓰지만 일찍이 지어온 죄업과 악업의 장애로 인해 속박과 병, 장애 등을 만나게 된다' 는 이야기가 있다. 즉 과거의 죄업과 악업에 대한 결과가 나타난 것으로 천녀도 어쩔 수 없다.

그런데 여기에 또 다른 인과관계가 숨어져 있으니 천녀를 중심으로 일어난 과정을 순서대로 살피자면, 양치기의 연기, 천녀의 발병, 천녀의 나쁜 호흡으로 인한 주민들의 역병, 이렇게 된다. 양치기의 연기, 그것으로 이어지는 천녀의 발병까지는 이해가 된다 치자. 그러나 천녀 정도라면 자신의 나쁜 호흡으로 인해 순진한 사람들과 무고한 가축에게 병을 일으켜 끝내 죽는 일이 일어나는 것은 없어야 하지 않았겠는가. 명색이 그래도 천녀인데 그쯤에서 인과의 고리를 끊어야 하지 않는가. 능력이 된다면 대승의 자세에서 자신에게 찾아온 질병을 큰 둑방처럼 막아서서 파장을 다른 곳으로 넘기는 일은 없어야 했다. 더구나 파드마쌈바바와 미라래빠에게 깊은 가르침을 받지 않았던가.

그러니 미라래빠가 따끔하게 혼내며 이야기하지 않을 도리가 없다.

"착한 여인아, 얼마 전에 그대는 나에게 찾아와 보살도에 서원을 발하고 수호불의 가르침을 받았다. 나는 그대에게 덕과 까르마의 법칙에 관한 가르침을 주었다. 그런데 그대는 지키지 않았구나. 그대는 도덕적 의무와 계율에 조금도 관심을 갖지 않았구나."

미라래빠는 보살도를 서원한 것을 각성시키며 본격적으로 훈계한다.

"양치기들이 일으킨 사소한 고통을 참지 못하고, 순진한 사람들에게 전염병을 유포시켜 큰 고통과 재앙을 불러들였구나. 그대는 이처럼 가르침을 어졌기 때문에 징벌을 받았으니 이는 당연한 일이다. 그대가 행한 일로 미뤄 볼 때, 더 이상 그대를 믿을 수 없다."

따끔하고 단호하다. 우리의 자세도 이와 같아야 하지 않으랴. 어떤 부정한 것들을 내가 머금어 더 이상 퍼져나가지 않도록 하는 일. 어찌 질병뿐이랴, 저주와 악성댓글 혹은 소문.

그리고 천녀가 취할 수 있는 방법을 제안한다.

"만약 그대가 이 지방의 모든 주민을 당장 고쳐준다면, 내가 그대를 도울 것이다. 그러나 그렇게 맹세하지 않는다면, 나는 떠나는 수밖에 없다. 그대 여인들이 서원을 지키지 않는다면 저주를 받아도 마땅하기 때문이다."

이것이 있어 저것이 있다면, 저것을 없애면 이것도 사라진다. 그리고 그 문제는 스스로 수습해야 한다.

미라래빠는 천녀에게 그렇게 하겠다는 다짐을 받고 '일백 진언의 정화행을 베풀고 삼보와 스승들에게 간구하였다. 그리고 그녀의 장수를 위해 왕관모 의식을 행하였다. 이리하여 그녀는 이튿날 아침 잠자리에서 일어난 미라래빠에게 예배드릴 수 있게' 되었다.

이제 티베트 사람들에게는 중요한 문답이 나온다. 혹은 티베트불교에 귀의한 사람이라면 중요한 대목이 나온다. 문외한에게는 난해한 이야기지만 들어보는 일 자체도 공덕이 된다.

미라래빠는 묻는다.

"그대는 이제 완전히 회복되었으니 마을로 내려가 사람을 도울 때가 되었다. 그대는 그들이 어떤 예물을 바치기를 바라는가? 아픈 사람을 위해 어떤 의식을 행할 것인가?"

답한다.

"(전략) 따라서 빨리 회복되기를 원하는 사람들은 쭈또르불佛의 핵심 만뜨라를 거듭 반복하고, 심오한 대승경전을 읽고, 성수로 정화의식을 행하고, 마음 둘레에 원[만다라]을 그려 사람들을 그 안에 모아 적백赤白의 성찬식과 거대한 똘마 의식을 행하고, 탑을 장식하고, 모든 사람들에게 공덕을 돌린 뒤 자신의 소원을 빌면 되지요. 이 일을 행하는 사람은 곧 회복될 것이에요."

우리식으로 말하자면, 질병이 없어지기를 간절히 바란다면, 염불을 외우고, 공양을 올리고, 탑돌이를 하라는 이야기가 나온다. 질병이 걸렸을 경우 일단 의사에게 보여야 하지만 이런 의식을 통해 마음을 전적으로 종교에 의탁하여 부정적인 요소를 녹이며, 스스로의 면역력을 증강시키는 방법이 제시되고 있다.

천녀들의 거처

• • •

천녀, 쩨링마가 맡은 일이 자손을 많이 낳게 하고, 오래 살도록 배려하는 산신이다. 그녀가 이 봉우리에 거주한다.

티베트불교에서 정식으로 하는 촐뗀슉[장수 기원의식]은 할 줄 모르나 마음으로나마 달라이 라마의 장수를 위해 다시 합장하고 허리를 숙인다.

"오래 사세요."

1935년 7월 6일, 14대 달라이 라마가 이 세상으로 나오는 동안 이웃 노파가 도움을 주었다고 한다. 노파는 아이를 받고 관습대로 탯줄을 세 번 연이어 당기었단다. 한 번 당길 때마다 축원을 아끼지 않았다던가.

"언제나 네가 건강하기를 빈다."

"네가 장수하기를 빈다. 적어도 백 살까지만 살아다오!"

"네가 탐욕—집착, 증오와 무지라는 세 가지 독에서 해방되어 행복하기를 빈다!"

첫 번째, 세 번째는 이미 완성이 되었으니, 두 번째도 실현이 되기를!

나도 세 번의 만뜨라를 봉헌한다.

봉우리를 다시 바라보며 이승에서의 존재놀이가 끝나가는 늙은 부모를 위해 합장한다. 나는 두 분의 몸을 빌어 이 세상에 왔고, 두 분의 배려를 통해 성장했다. 아직 삶에 대한 희망을 놓지 않고 노구를 이끌고 있는 두 분을 위해 쩨링마를 향해 허리를 굽힌다.

"오래, 건강하게 사세요."

"가실 때, 낙엽처럼 툭. 떨어지세요."

질병으로 고통 받는 많은 사람들을 위해 다시 합장하고 허리를 깊이 숙인다.

"속히 건강하세요."

그러면 평소의 다른 천녀들의 거처는 어디일까? 쩨링마는 출장하여 이곳에 거주하지만 정식으로 다른 천녀들과 함께 있을 때는 이곳에서 동쪽으로 조금 떨어진 봉우리라 한다.

미라래빠가 강 린포체〔카일라스〕에서 동쪽으로 하루거리에 떨어진 뵌교 신자들의 성지인 뵌뽀 리〔山〕에 이르렀을 때, 그 지역의 낯선 래빠들 몇 사람이 장수 귀녀長壽貴女의 설산雪山을 가리키며 미라래빠에게 여쭈었다.

"이 설산의 이름은 무엇입니까?"

"'아름다운 여신의 푸른 고봉高峰' 이라고 부른단다."

미라래빠는 대답과 함께 노래를 불렀다.

오너라, 데와쬥과 시와외여!

나와 함께 노래 부르지 않으련?

다른 래빠들은 앉아서 들어보렴.

이 산의 이름을 물었느냐?

따시 쩨링마〔상서로운 장수 여신〕라는 산이노라.

산허리 위로는 험준한 봉우리가

소라처럼 삐죽이 솟아 있네.

은빛 그물처럼 시냇물은

둘레를 감싸 도네.

아침의 첫 햇살 반사하는

높이 솟은 수정 봉우리는

아름답게 장식한 왕관을 쓴 듯

흰 구름 두둥실 감돌고 있네.

그들의 거처는, 즉 뵌뽀리에서 멀지 않은 봉우리라는 이야기다. 미라래빠 제자들은 노래를 듣고 모두들 매우 기뻐하며 호기심에 차서 다시 여쭈었다.

"여기 사는 여신은 얼마나 힘이 센가요? 이 여신은 진리를 따르는가요, 아니면 악을 행하는가요?"

스승은 노래로 이렇게 응답했다.

따시 쩨링마[장수 여신]와 다섯 자매들은

열두 여신들을 거느리네.

시현示現의 능력 지닌 세속 천녀들이네.

이들은 진 강江의 여신들,

티베트와 네팔어를 구사하네.

모든 불자를 돕고

숭배자를 지켜주네.

나의 명령 실천하고

그대, 내 아들들을 도우리라.

내 힘써 노력하고 그녀들도 힘 모으니

티베트는 덕을 향해 나아가리라.

수행 법통은 창성하리라.

이에 래빠들이 여쭈었다.

"여신들이 모두 선생님의 시녀가 되었다니 참으로 놀라운 일입니다. 그들에게 어떤 진리를 설하셨습니까? 또 그들은 스승님께 어떻게 봉사하였는지 들려주십시오."

미라래빠는 다음과 같은 노래로 응답하였다.

설산 산등성이에 앉아
미라는 한때 진리를 설했네,
인정 많은 지방신들에게.

선악을 구별하는 법 그들에게 가르치고
인과법칙 실린
경전의 방편도를 그들에게 설하였네.

사나운 짐승들과 용신龍神이
진리를 들으러 사방에서 찾아왔네.

복수심에 불타던 다섯 다끼니들이
법사를 초빙한 안주인이었다네.
소름끼치는 다섯 자매들이
손님을 접대했던 안주인이었다네.

부드러운 갈색을 품은 봉우리가 따시 쩨링마 포당. 산기운이 여성적이라 이름 한 번 기막히게 주었음을 알 수 있다. 티베트불교에 귀의하여 의지한 토속 여신을 바라보니 이제 산길에서 다시 새소리를 만날 수 있을 듯하다. 좌측 봉우리는 남퇴세기 포당이다.

희유한 존재들이 많이 찾아와
신들과 유령들은 향연을 즐겼네.

참례한 뭇 존재들을
나는 진리로 인도하여 마음을 달래주었네.
무력이 아닌
대자대비로 교화하였네.
방편으로 형제 없는 유령과 천신들을 교화하고
성심으로 평안의 진리를 설하였다네.

미라래빠는 지방신들에게 대자대비를 통해 인과법칙을 설했다.

제자들은 다시 스승에게 여쭈었다.

"인간과 아수라 중에서 어느 쪽이 진리를 수행하는 데 더 나으며, 중생들에게 봉사하는 데 더 유리합니까?"

미라래빠는 그들에게 응답했다.

"아수라보다는 인간이 진리를 수행하는 데 더 뛰어나고 다른 사람들을 돕는 데도 더 효과가 있다. 그러나 따시 쩨링마[장수녀]는 비인非人의 여신이므로 나의 진리를 전파하고 수호하는 데 크게 이바지할 것이다."

사람으로 태어나면 수행하기가 좋다. 축생은 수행이 어려우니 개가 어찌 수행을 할 수 있겠는가. 아수라 역시 쉬운 일이 아니다. 천신의 경우, 에너지가 인간보다는 높기 때문에 인간을 도울 수 있다, 이런 말씀이다. 거기에 덧붙여 뭇 신을 잊었다는 이야기는 자신의 높은 경지를 표현한 것이다.

산신 쩨링마가 내 이야기를 듣는다면 몇 가지 원을 부탁하고 싶지만 이어지는 미라래빠의 이야기, 즉 '나는 세속을 떠나 여덟 가지 욕망을 이미 버렸기 때문에 이제는 뭇 신들을 잊어버렸고 더 이상 그들과 교제하지도 않는다. 나의 발자취를 따라서 그대들도 세속의 욕망을 버리고 명상 수도에 전념하여 헌신하기 바란다' 라는 중요한 이야기를 기억하기에 잠시 머뭇거린다. 즉 세속의 여덟 욕망을 떠났기에 그들이 필요없다는 이야기다. 그렇다면 내가 쩨링마의 도움을 받겠다는 생각 안에는 세속의 욕망이 많이 남아있음을 반영하는 것이 아닌가.

장 린포체〔카일라스〕에 있는 이 봉우리는 다섯 여신 중에 특별히 따시 쩨링마만의 거처다. 가만히 손을 모으고 바라보자 조용히 은둔하던 미모의 쩨링마 여신이 내 옆에 슬며시 다가와 있는 기분이 든다.

아직 세상의 여덟 욕망을 버리지 못한 나로서는 이 기운을 놓칠 수 없다. 허리를 굽히며 다시 이른다.

"부모님, 건강하게 장수하도록 하소서. 가실 때는 나무에서 손쉽게 손을 놓아버리는 낙엽처럼 툭."

◉ 28

우주의 최고의 부자가 산다, 남퇴세기 포당

들어서 모든 법을 알게 되고
들어서 모든 죄를 없애고
들어서 의미가 없는 것은 버리고
들어서 열반에 이르노라.

—『청문집聽聞集』

불상의 종류 많기도 하다

따시 쩨링마 좌측 옆에는 해발 5천730미터의 봉우리가 하나 바짝 붙어 있다. 따시 쩨링마 고도가 5천779미터이니 키가 엇비슷하다. 봉우리 이름은 남퇴세기 포당Namtose kyi Phodrang으로 기kyi는 티베트어로 ~ '의' 라는 표현으로 남퇴세Namtose의 궁전이라는 의미를 가진다.

결론부터 말하자면 티베트어로 남퇴세Namtose 혹은 남세Namse는 힌두교에서는 꾸베르, 불교에서는 북쪽을 수호하는 다문천왕이다. 정상 부분이 일어서 있고 아래쪽으로는 계단처럼 층층져 있으며 하단부는 마치 지금 막 식사를 잘 마친 뚱뚱한 사람 배처럼 불룩하다.

티베트불교에서는 불상이 굉장히 많다. 처음 사원에 들어가면 얼떨떨해질 정도다. 이것을 대충 분류해서 머리에 넣으려면 정리가 필요하다. 종류가 많아 분류한 학자에 따라 여러 가지 방식이 있으나 일반적으로 받아들여지는 것은 7가지 종류다.

1. 여래如來
2. 조사祖師
3. 수호존守護尊
4. 보살菩薩
5. 분노존忿怒尊
6. 나한羅漢
7. 호법존護法尊

여기에 여래에서 본초오불本初五佛을 따로 떼어내어 8가지로 나누는 경우도 있다.

여래는 붓다[석가여래], 아미타붓다, 약사여래가 많이 조성된다.

조사는 역대 달라이 라마, 티베트에 불교를 전파한 구루, 그리고 큰 스승들이며, 붓다와 구루[근본 스승]는 같은 격으로 놓는 티베트불교의 생각에 따라 위치가 상당히 높아, 탕카의 경우 그림의 윗부분에 자리 잡는다.

수호존은 무상요가와 같은 후기밀교계의 존상들을 일컬으며 부모상, 즉 남녀가 함께 껴안고 있는 얍윰 등이 있다. 수호존은 편안한 얼굴, 화내는 모습, 더불어 두 가지가 합쳐진 모습으로 나타나며 티베트어로는 이담idam으로 사원 혹은 수행자를 수호한다.

중앙에 하얀 눈이 많은 봉우리가 남퇴세기 포당, 그리고 좌측 즉 남쪽으로 따시 고망 촐뗀, 강리 라첸기 포당이 연이어 있다. 강 린포체 동쪽으로는 비중이 비교적 낮은 의미를 가진 봉우리들이 모여 있다. 그렇다고 가볍게 지나갈 수는 없다. 종교적이라기 보다는 인간적인 요소들이 무성하다. 사람으로 사는 일, 때로는 산을 향해 응석을 부리고 싶지 않은가.

보살은 관세음보살, 미륵보살, 문수보살 등등이 있다.

분노존은 열 가지 분노존이 있다.

나한은 16나한이 등장한다.

호법존은 힌두교와 토착종교인 뵌교의 신들이 불교로 들어온 존재로 힌두교의 쉬바가 마하깔라라는 이름으로 들어온 것이 대표적이다. 이담idam처럼 사원 혹은 수행자를 수호하는 것이 아니라 불교 전체를 수호한다.

자세히 말하자면 밑도 끝도 없으나 이 정도만 알아도 사원에서 보고 듣기에 편해진다. 대승불교에서는 화엄, 법화, 유식, 중관, 선 등등의 교법이 있듯이 티베트불교에는 이런 분류를 통한 여러 존재들이 다양하게 불교를 설한다.

여기에 사원을 지키는 빨라pala〔지킴이〕 즉 신장의 개념이 있다. 신장神將이라는 개념은 불교가 처음이 아니라 오래전부터 힌두교에 있었던 것이 불교 안으로 들어왔기에 붓다 시절에도 당연히 방향에 관한 개념이 존재했다.

붓다가 죽림정사에 머물던 당시 상가아라카라는 아버지의 유언에 따라 매일 아침 동서남북상하 여섯 방향을 향해 예배를 했다. 붓다는 이른 아침 정사에서 라자가하로 탁발을 나섰다가 이 모습을 보았다.

붓다는 이 청년의 진지한 모습을 보고 묻는다.

"오, 젊은이여, 그대가 예배하는 모습은 나의 마음을 흔드는구나. 그런데 도대체 그대는 어떤 의미로 이렇게 이른 아침에 예배를 하고 있는가?"

다만 아버지의 유언을 따른다고 했다. 진지하기는 했지만 형식적이었던 것이다. 즉 동서남북상하에 아무런 의미가 없이 아버지의 뜻을 받들어

정성을 다했을 따름이다.

붓다는 이른다.

우선 동쪽.

"동방의 예배는 부모를 예배한다고 생각하라. 부모는 자식을 사랑하고, 자식을 악에서 멀리하도록 하며, 기능技能을 물려주어 집안을 이어나가게 한다. 이것이 부모를 예배하는 이유다."

남쪽.

"남쪽의 예배는 스승을 예배한다고 생각하라. 스승은 제자를 가르치는데 게을리 하지 않는다. 제자는 스승을 존중하고 그 가르침을 잊지 않아야 한다. 이것이 스승을 예배하는 이유다."

서쪽.

"서쪽의 예배는 아내를 예배한다고 생각하라. 남편은 아내에게 집안일을 맡기고 아내는 남편을 존중하고 순종해야 한다. 이것이 아내를 예배하는 이유다."

북쪽.

"북방의 예배는 친족을 예배한다고 생각하라. 친족끼리는 서로 돕고 격려해야 한다. 이것이 친족을 예배하는 이유다."

아래쪽.

"하방의 예배는 노비를 예배한다고 생각하라. 주인은 그들에게 정을 주고 그들은 주인에게 충실해야 한다. 이것이 노비를 예배하는 이유다."

위쪽.

"상방의 예배는 성자를 예배한다고 생각하라. 성자는 사람들에게 바른 길을 가르치고 선善에 들어가게 한다. 이것이 성자를 예배하는 이유다."

이렇게 붓다 시절에도 있었던 각 방향의 의미를 주는 이야기는 훨씬 전 『리그 베다』에 방위신 개념으로 등장한다. 오래전부터 힌두교에서 정립된 방위 개념에 의하면, 각 방향을 향해 내부를 지키는, 즉 외호外護하는 이들이 있으며 인도 대륙에서의 지리, 역사를 그대로 반영하고 있다.

동東쪽은 힌두교에서는 최고의 가치를 가진 자리다. 아침에 뜨는 해가 생명력을 주듯이 행운을 가져다주는 첫손가락 꼽는 길향吉向으로 고대로부터 최고 토속신의 위치였던 인드라가 동쪽을 방위했다. 동쪽의 중요성은 대부분의 출가수행자가 동쪽을 향해 앉는 모습에서도 나타나며 아직 붓다에 이르지 못한 싯달다가 새롭게 보리수나무 아래에 결가부좌를 틀었을 때, 동향東向이었다. 인도에서 가장 위대한 어머니 강 갠지스 역시 동쪽을 향해 흐르는 점도 간과할 수 없었으리라.

서西쪽은 물, 바다의 신 바루나가 지켰다. 고대 인도인들의 생각으로는 서쪽으로 향하다 보면 땅과 경계를 이루는 큰 바다가 있었다.

남南쪽은 죽음과 관계있는 방향이었다. 우리에게는 남쪽이 대단히 좋은 방향이기에 의아하지만 이것은 인도 역사와 기후에 그 요인이 숨겨져 있다. 북에서 내려온 아리안들이 남쪽을 점령하기 위해서는 목숨을 내걸고 겪어야 하는 전쟁이 기다리고 있었고 더불어 견디기 어려운 뜨거운 기후까지 버티고 있었다. 북부남빈北富南貧, 북선남악北善南惡의 개념, 즉 남쪽은 사납고, 침략적이고, 불길하며, 음산했으니, 이에 걸맞은 죽음의 신, 야마가 남쪽을 맡게 되었다.

북北쪽은 재물과 부귀의 신 꾸베라가 담당했다. 사람들은 북쪽 산악지방에는 황금이 많이 묻혀 있다고 생각했다. 계곡 사이에 슬쩍 얼굴을 내민 석양과 마주치는 황금 얼굴의 히말라야가 지하에 묻힌 황금을 반영한다고 느꼈다.

이런 방위 신 개념은 시간이 더해지며 더욱 발전해서, 경전마다 약간의 전승 차이는 보이지만 동서남북에 이어 북동-소마, 동남-아그니, 서남-수리야, 북서-바유가 떠맡는다. 힌두교에서 사방四方에 의한 팔방八方 개념은 금강계 밀교에서는 동서남북과 중앙에 디야니붓다를 배치하는 오방불, 그리고 티베트불교에 유입되어 호세팔방천護世八方天 급기야는 호세십이천護世十二天까지 만들어진다.

꾸베라의 족보는 드라마와 같다

예를 들어, 저기 남쪽 바다 작은 섬 하나에 이장님 한 분이 계신다고 치자. 이장님은 본래 육지에서 사시던 분이라 뭍에서 혼인하여 아들을 하나 두었는데, 세상살이 어디 그런가. 이런저런 사연으로 작은 섬까지 흘러들어가 섬 색시와 다시 결혼하여 아들 넷을 더 보게 되니 이제 아들이 다섯이 되었다.

그런데 본처 소생 아들과 후처의 첫째 아들 사이가 좋을 수 있을까. 툭

하면 다툰다. 더구나 아버지는 집안의 평화를 위해 전처 소생에게 은근히 섬을 떠나라고 종용한다. 참다못한 전처 소생은 어느 날 이복동생과 크게 싸우고는 평소 자신을 지극히 따르던 후처의 셋째아들과 함께 섬을 빠져나왔다. 그는 뼈를 깎는 고생 끝에 재력가가 되고 나중에는 나라 왕의 경호원까지 되어 궁의 북쪽을 지키는 세도가가 된다. 더불어 뭍으로 같이 나왔던 막내를 좋은 자리에 취직시켜 성심성의껏 잘 보살폈다.

그렇다면 사람들은 뭐라고 평가할까.

"굉장히 출세했다! 정말 잘되었다! 박수쳐주고 싶다!"

우리식으로 비유한, 드라마 소재로도 조금도 모자라지 않은 이것을 제대로 이야기하자면, 아래의 작은 섬은 당시 이름으로는 랑카, 현재는 인도의 덩치에 비하면 상대적으로 왜소한 스리랑카며, 본처 소생의 아들 이름은 꾸베라Kubera, 후처 소생은 강 린포체[카일라스]와 그 앞의 악마의 호수 랑가쵸[라까스딸]와 유관한 문제의 라바나Ravana를 위시해서, 쿤바카르나, 비비샤나, 수르판카, 이렇게 넷이다. 비록 신화지만 요즘 이야기로 바꾸어도 어긋나지 않는다.

꾸베라를 포함한 이들 형제는 오랜 고행을 했다. 꾸베라의 꿈은 부자가 되는 것, 그것도 신만큼 부자가 되는 것이었다. 이복동생 라바나의 경우, 열두 개였던 자신의 머리를 하나씩 잘라내 불에 던지는 고행 끝에 브라흐마로부터 '어떤 신이나 악마도 너를 죽이지 못하리라' 는 축복을 받는다. 그러나 예외조항은 있었으니 '인간은 제외' 다. 즉 인간에 의해 죽을 수 있다는 이야기로 라바나는 인간쯤이야 가볍게 보았으나, 그것이 훗날 그의 삶에 종지

부를 찍어버린 요소가 된다. 즉 비슈누가 라마라는 사람으로 화신하여 라바나의 명을 끊어버린다.

이렇게 스리랑카에서 나온 꾸베라는 북진하여 만다라 산을 지나 결국 강 린포체[카일라스]까지 온다. 이것은 역학적으로 보면 토속민들이 추앙하던 남쪽의 신이 북쪽에서 들어온 아리안 족의 신앙에 흡수되며, 신분이 낮아지며 흡수되는 과정을 나타낸다.

사천왕 중에 하나인 남퇴세기[꾸베라]는 좌측 손에 몽구스를 들고 있는 경우가 많다. 몽구스는 입에서 끊임없이 보화를 뱉어낸다. 남퇴세기[꾸베라]의 출신과 성장과정을 알고 있다면 황금알을 낳는 거위보다 더 뛰어난 몽구스와 함께 있는 모습이 이상한 일이 아니다.

꾸베라는 엄청난 재력이 있기에 신화에 의하면 비슈누가 결혼 자금을 꿀 정도였으니 그런 재력이 불교 안으로 들어오면서 없어질까, 중국으로 전해지면서는 이름이 심지어 재보호법신財寶護法神, 재보천왕財寶天王으로 불릴 정도였다. 또한 한국에서는 보탑을 들고 있지만 티베트 사원의 일부에서는 왼손에 금은보화가 계속 입에서 쏟아지는 몽구스를 들고 있어 그가 황금알을 낳는 거위의 주인처럼 무진장 부자임을 보여준다.

남퇴세namthose 혹은 남세Namse라는 티베트어는 생소한 이름이지만 꾸베라, 이렇게 말하면 알아듣는 사람이 조금 더 늘어난다. 한 발 더 나가 다문천왕多聞天王〔바이쓰라바나Vaisravana〕이라 말하면 불교집안 사람들은 대부분 누구인지 금방 감을 잡는다.

남퇴세기〔꾸베라〕는 바로 다문천왕이기에 이 남퇴세기 포당이라는 봉우리는 다문천왕궁으로 바꿔 부를 수 있다. 산 아래쪽이 평지와 이어지는 모습이 비만한 사람처럼 불룩하게 풍성하여 신화를 알고 산을 보는 순간 얼굴에 슬며시 웃음이 만들어진다.

다문천왕이라는 이름은 좋은 의미

다문多聞에 천왕天王이 합쳐진 이유는, 천왕으로서 붓다의 북방의 중턱을 지키면서 설법을 많이 들었〔多聞〕기에 붙여진 이름이다. 이것은 산스크리트어의 두루〔遍, 普〕의 vai, 듣는다의 sravana의 의역이며, 음역하면 비사문천왕毘沙門天王이다. 또한 듣는다는 vi에 동사 원형 sru가 붙어, 행위의 주체자를 나타내는 ana가 합쳐지면서 분별하여 잘 듣는 자, 즉 바이쓰라바나 Visravana가 된다.

치아를 드러내면서 웃는 모습은 붓다의 이야기를 듣고 환희에 차서 나타나는 표정이다. 더불어 손에 든 비파는 기쁨을 더욱 증가시키는 상징적 지물이다. 깨달음의 여행은 진리를 '듣는 자리' 에서 시작한다고 말한다. 들으면서 해야 할 일과 해서는 안 될 일을 차차 알며, 진리를 들으면 전율이 찾아오고 진리에 대한 눈이 떠지며 그쪽 방향을 향해 몸과 마음이 방향을 잡은 후 길을 가게 된다. 또한 어떤 설법을 들으면서 정신이 퍼뜩 드는 일은 스승의 능력이 뛰어나서라기보다 진리가 들어오기 때문이다.

티베트의 속담에 의하면 '들음은 도둑이 훔칠 수 없는 최고의 보물' 이라고 한다. 즉 세상의 보물은 강도가 빼앗아갈 수 있으나 들어서 마음에 품게 된 귀중한 이야기는 다른 사람이 훔쳐갈 도리가 없기 때문이다. 또한 '보물은 가지고 다니기에 번거롭고 무겁지만, 들은 것들은 무게도 없고 다음 생까지 가지고 갈 수 있다' 고 하지 않는가. 바로 법문의 깊은 가치를 이야기하는 대목이다.

> '들음' 은 무지를 밝히는 등불이며, 도둑들이 훔칠 수 없는 최고의 보물이다. 매우 큰 어리석음의 원수를 정복하는 무기이며, 요의법의 방편을 보여주는 최고의 친구다. 모든 재산을 잃었을 때에도 변치 않는 동반자이며, 전혀 부작용이 없는 모든 고통을 치료하는 약이다. 큰 덩어리의 죄를 한 번에 통째로 부술 수 있는 제일의 무기이며, 명예나 보물보다 값진 것이다.
>
> —『자타카〔本生談〕』 중에서

이런 면에서 그가 가지런한 치아를 드러내며 웃는 모습은 들음을 통한 환희, 그리고 이제 진리, 즉 다르마로의 진입을 의미하기에 바라보는 동안 합장하지 않을 도리가 없다.

남퇴세기, 꾸베라, 다문천왕, 비사문천왕, 모두 같은 존재를 부르는 다른 이름이며 각기 다른 사연에서 출발했으며 각기 다른 이야기를 가지고 있기도 하다.

비사문천은 부귀의 상징이며 경전 역시 그런 것을 반영한다. 더불어 전투戰鬪적인 신이 아니라 재보財寶신으로 일부 사람들이 받아들이기에 유쾌한 개념이 아닐 수 없다.

그러나 붓다와 힌두교 신들에게만 사천왕이 있는 것이 아니다. 우리 자신에게도 부모, 형제, 친구, 스승 등등 많은 지킴이가 있어 나를 올바른 방향으로 인도하고 보살펴준다. 그 어디를 가도 위종전후衛從前后, 호위하는 시종들이 앞뒤에서 따르듯이 나를 지켜주니, 나는 너에게, 너는 나에게 사천왕이다.

이제 이곳까지 이르러 남퇴세기[꾸베라]의 많은 재산보다는 법을 듣고 웃음을 지으며 한 발 더 나간다는 이야기에 슬며시 끌린다. 사람으로서 두 가지 모두 받는다면야 더할 나위 없겠으나 세상이 어디 그런가, 한 가지를 고른다면 돈[錢]보다는 돈에서 불필요한 'ㄴ'을 떼어내고 도道를 택하는 일이 장부의 길이 아니겠는가. 더불어 수십 년 살아오면서 돈이 제대로 모아지지 않는다면 인생의 목표는 돈이 아닌 도라는 반증이 아니겠는가. 그 까르마의 속삭임을 무시한다면 한 평생 헛삽질 헛걸음일 터다.

◉ 29

붓다가 되는 길 많기도 하구나, 따시 고망 촐뗀

하나의 진리를 백 가지 언어로 가르치고 있으니
이것은 백 가지 기호로 알려주는 사물의 본성
이는 백 가지 방법으로 행하는 신비한 수행
그대 백 가지 길에 들어서더라도 결국 이곳에 도달하리라.

— 콘촉 엔락

붓다의 일생은 그림으로 몇 컷이 될까

깨달음에 이르는 방법은 몇 가지나 될까?

팔만 사천 가지라고 한다.

불교에서는 많다는 표현을 팔만 사천八萬四千이라 한다. 많은 번뇌를 팔만 사천 번뇌, 경전의 많음을 팔만 사천 경전, 붓다의 수많은 설법을 팔만 사천 법문, 아주 높은 것의 표현도 팔만 사천 유순 등등, 팔만 사천의 용도는 무려 팔만 사천으로 이루 헤아릴 수 없을 정도다.

티베트어로 많다는 단어는 망mang으로 팔만 사천과 크게 다르지 않다.

"깨달음에 이르는 방법은 몇 가지?"

이렇게 묻는다면 티베트 사람들은 '망'이라고 답하게 된다. 고망go mang이라는 말은, 많은 문[多門]이라는 이야기며 앞에 따시가 붙었으니 상서로운 많은 문이 된다.

해발 5천730미터의 따시 고망 봉우리는 다른 봉우리들 이름처럼 포당〔宮殿〕이 붙지 않고 촐뗀〔塔〕이 따라붙기에 정식이름이 따시 고망 촐뗀이 되며 이것을 귀에 들어오는 친근한 이름으로 풀자면 다문탑多門塔이 된다. 하늘은 흐려 무성한 구름이 서로 뒤엉겨 어둑하되 봉우리 기운은 따스하기만 하다. 한 단계 높아 보이는 어떤 자비로운 기운이 봉우리 근처에 머물러 있는 듯하다.

붓다는 태어나서, 살다가, 깨달음을 얻은 후, 열반에 들었다. 이것을 그림으로 그리자면 몇 컷으로 압축이 가능할까.

회화화繪畵化를 가장 먼저 시작한 부파불교部派佛教시대에는 4장면, 대승불교에서는 8장면 그리고 티베트불교에서는 12장면으로 묘사한다.

대승불교권의 8장면은 『불본행집경佛本行集經』에 기초하여 『법화경』을 따르는 종파를 중심으로 이런 분류를 통해 불화佛畵가 만들어졌다고 한다.

1. 도솔천에서 내려오는 상〔兜率來儀相〕.

2. 룸비니 동산에서 탄생하는 상〔毘藍降生相〕.

3. 4개의 문에 나가 생로병사 세상사를 바라보는 상〔四門遊觀相〕.

4. 성 밖으로 나가 출가하는 상〔踰城出家相〕.

5. 설산에서 수행하는 상〔雪山修道相〕.

6. 보리수 아래에서 마귀에게 항복을 받는 상〔樹下降魔相〕.

7. 녹야원에서 처음으로 설법하는 상〔鹿苑轉法相〕

8. 사라쌍수 아래에서 열반에 드는 상〔雙林涅槃相〕.

그렇다면 티베트불교에서 이야기하는 12가지는 무엇일까.

1. 수미산정에 있는 도솔천에서 내려옴.

2. 잉태와 탄생.

3. 왕궁에서의 공부.

4. 모든 예술과 운동 등을 통달함.

5. 결혼.

6. 출가.

7. 고행.

8. 보리수 아래에서의 명상.

9. 악마를 굴복시킴.

10. 깨달음을 얻음.

11. 가르침의 수레바퀴를 굴림.

12. 열반.

성자의 삶의 하나하나가 뒤따르는 후학들과 제자들에게 막중한 가치를 주기에 위의 장면 중 어느 하나 가볍게 볼 것이 없으며 묵직한 비중을 갖지 않음이 없다. 그러나 여기서 대승에서의 7번, 그리고 티베트불교에서의 11번, 즉 녹야원에서 처음 설법하는 일에 가장 큰 가치를 주는 사람들이 있다.

남쪽으로 내려오다가 뒤돌아보면 좌측으로 따시고망 촐뗀이 잘 보인다. 봉우리 윗부분이 마치 촐뗀[탑]이 하나 앉아있는 듯하다. 주변 풍경에 세속이 끼어들 틈이 없는 서기가 서려 있으니, 봉우리가 상징하는 초전법륜의 그 날 역시 이러하지 않았을까. 어디선가 들려오는 소리. '귀가 있는 자들은 들을지어다.'

즉 제아무리 뛰어난 사람이 태어나서, 집을 나와, 크나큰 깨달음을 얻었다 쳐도, 그것을 남에게 알려주지 않고, 홀로 선정에 들다가 세상을 떠나면 그게 뭐냐는 거다. 특히 티베트처럼 근본 스승〔구루〕을 귀의 대상의 맨 앞에 놓는다면 말할 것도 없겠다.

그런 이유로 8가지 혹은 12가지 모든 장면들이 린포체〔보석〕와 같은 소중한 가치를 지니지만 하나를 뽑으라면 미가다야〔녹야원〕에서의 설법〔鹿苑轉法相〕, 즉 법을 처음 설한 '초전법륜'을 으뜸으로 놓는다는 것.

붓다는 깨달음을 얻은 후, 이 미묘한 법을 혼자 간직할 것인가, 밖으로 나가 설법할 것인가를 두고 고민한 것으로 알려져 있다. 이때 신화적 설명을 따르자면 인드라〔제석천〕의 간곡한 권청이 있었다.

"법을 설하여 주십시오. 이 세계에는 그 눈이 티끌에 가리어지지 않은 사람도 약간은 있을 것. 그들이 법을 듣는다면 깨달음에 이를 수 있을 것입니다."

그리하여 붓다는 마음의 눈으로 세상을 바라본다. 『증일아함경』에 의하면 붓다는 세상 사람의 모습을 연꽃으로 비유했으니 연못 속에는 푸른 연꽃, 붉은 연꽃 그리고 하얀 연꽃이 꽃을 피우고 있었다. 어떤 꽃은 진흙 속에 묻혀 있는 채로 꽃이 피어났고, 어떤 것은 간신히 수면 밖으로 나와 꽃을 피웠다. 또 어떤 것은 완전히 수면 밖으로 나와 진흙이나 더러운 물에 물들지 않고 피어 있었다.

붓다는 이 같은 세상사람 모습을 보고 청정법륜을 굴리기로 했다. 붓다는 최우선으로 당시 위대한 학자 알라라 칼라마Alara Kalama를 생각했고, 이어 웃다카 라마풋타Uddaka Ramaputta를 생각했으나 이들은 이미 세상 사람이 아니었으니, 한때 함께 정진했던 다섯 수행자를 생각하게 된다. 붓다는 자신이 정각을 얻은 보드가야 보리수에서부터 바라나시의 이시파타나의 미가다야, 즉 녹야원까지 걸어간다. 이 거리는 얼마나 될까, 인도를 여행한 사람은 쉽게 알 수 있으니 무려 250킬로미터에 이른다. 인도에 갔을 때 이 길을 따라갔다. 장엄한 행진을 생각해서였는지 하늘은 내내 청명했고 길들이 밝았다.

그렇게 먼 길을 걸어왔지만 옛 벗들은 마음을 쉬이 열지 않았다.

"보게나, 저기 오는 자는 사문 고타마다. 그는 스스로 고행을 버리고 사치하며 타락했다. 그가 와도 일어나 맞이하지 말자. 옷과 발우도 받아주지 말자."

당시 사문이 오면 일어서고 상대의 옷과 발우를 받아주는 것이 예의였다. 말은 그렇게 했지만 붓다의 모습을 보고 일어나 옷과 발우를 받아든다. 붓다 모습이 예사롭지 않았던 것이다. 그리고 두세 번의 문답을 주고받는다. 평범한 사람이 깨달음에 들어가면 관상이 바뀌며 얼굴에 빛이 뿜어져 나오는 모양이다.

고타마 사문이 아닌 이제 깨달은 자, 붓다가 말한다.

"그렇다면 비구들이여, 그대들이 지금까지 나의 안색이 이처럼 빛나는 것을 본 적이 있는가?"

얼굴은 이제까지 본 적이 없는 빛나는 모습. 맑게 갠 날 강 린포체〔카일라스〕 얼굴과 같았으리라.

비구들이여, 이것이 고통의 성스러운 진리, 고성제苦聖諦이다.

이것이 일체가 생기는 성스러운 진리, 집성제集聖諦이다.

이것이 모든 고통을 없애는 성스러운 진리, 멸성제滅聖諦이다.

이것이 멸함에 이르는 성스러운 진리, 도성제道聖諦이다.

이런 고집멸도의 첫 설법 과정을 지나 법륜이 구르기 시작하면서, 동시에 붓다에 이르는 상스러운 다양한 문이 수없이 열렸으며 이것을 따시 고망〔吉祥多門〕이라 한다.

따시 고망 촐뗀 봉우리는 강 린포체〔카일라스〕 동쪽에서 따시 쩨링마, 남퇴세기 포당과 함께 세 봉우리를 이루며 그 중 가장 남쪽 즉 좌측에 있다.

옛이야기와 지나온 길

티베트 사원이라면 어디든지 지붕에는 두 마리 금빛사슴이 동그란 법륜을 가운데 두고 서로 마주보는 장식물이 있다. 이것이 있으면 100% 티베트불교 사원으로 바로 녹야원의 상징이다. 녹야원의 정식이름은 선인주처녹야원仙人住處鹿野苑으로 신도들이 모이고 사슴이 방목되어 있는 원림園林이라는 의미이다

『본생담本生譚』에 의하면, 녹야원은 울창한 숲이었고 사슴들이 많이 살았다 한다. 사슴들은 두 무리가 있고 각 무리의 우두머리〔王〕가 있었단다. 어

느 날 근처의 왕국에서 왕이 사냥을 나온다.

사슴 무리 중에 한 사슴 왕이 나와 사냥 나온 왕에게 말한다.

"이곳에서 자주 무분별하게 사냥을 하시면 우리 사슴들은 곧 모두 죽을 수밖에 없습니다. 그러니 하루에 한 마리씩만 잡으시면 왕께서도 신선한 고기를 매일 드실 수 있고, 저희도 생명을 연장할 수 있지 않겠습니까?"

이 말을 들은 왕은 현명한 사슴 왕의 제안을 허락하고 궁전으로 돌아갔다. 사슴들은 약속대로 순서를 정해 하루에 한 마리씩 죽게 되었다. 그렇게 미리 정한 차례를 따르던 중, 임신한 암사슴이 죽을 차례가 되었다. 암사슴은 자신이 속한 무리의 사슴 왕에게 죽음의 순서를 출산 후로 연기해 달라고 부탁했으나 일언지하에 거절당했다. 참다못한 암사슴은 또 다른 무리의 사슴 왕을 찾아가 울면서 호소했다.

그러자 다른 무리의 사슴 왕은 한탄한다.

"아, 이것이 어미의 자비심이구나. 어미의 은혜는 태어나지 않은 새끼에게도 미치고 있구나. 좋다, 내가 너를 대신하여 희생하리라."

사슴 왕은 직접 왕을 찾아가 말한다.

"오늘 죽어 왕궁으로 올 사슴은 지금 새끼를 배고 있습니다. 만일 그 사슴 모자를 죽이게 된다면 이는 차마 볼 수 없는 일입니다. 그러니 저를 대신 죽여주십시오."

이 말을 들은 왕은 크게 감동했다.

"아, 훌륭한 마음씨구나. 너는 사슴의 모양을 한 인간이고, 나는 인간의 허울을 쓴 사슴이구나."

이렇게 한탄하며 그 후로는 일체의 사슴을 잡지 않고 해방시킨 후, 그곳을 녹야원이라고 부르게 되었다고 한다.

녹야원은 이런 생명존중의 사상이 스며들어 있는 곳이다. 사람의 목숨은 중요하다 말하면서 다른 동물의 생명을 경시한다는 것이 말이 되는지, 더불어 사람의 생명은 사랑으로 말하면서 다른 생명체에 대해서는 정복을 이야기하는 종교의 가르침이 옳은 것인지 이런 성지에서는 잘 살피게 된다.

고타마 싯달다가 붓다가 된 후, 5명의 비구들에게 최초의 설법을 펼치기에는 숨겨진 사연은 물론 풍경조차 매우 어울리는 자리다. 힌두교의 성지 바라나시와 멀지 않은 곳이라 강가에 모여 있던 힌두교도의 온갖 울긋불긋한 모습을 안고 이곳에 가면 완연하게 다른 기운을 느낀다. 자신도 모르게 녹색의 평화에 잠기게 되니, 두 종교의 다른 기운을 느낄 수 있다.

위의 이야기는 『본생담』으로, 임신한 사슴 대신 죽음을 자처한 사슴 왕은 붓다의 전생의 한 시절이라는 이야기다. 이 모든 것들이 상징물이 되었다 한다.

그 외 또 다른 이야기도 있다. 붓다가 깨달음을 얻은 후 한적하고 외딴 곳에서 명상에 들어갔다. 이때 브라흐마가 수천 개의 살을 가진 금으로 만들어진 법륜을 들고 왔으며, 인드라〔帝釋天〕는 하얀 소라고동을 들고 왔다. 이들은 붓다 앞으로 다가와서 성스러운 다르마를 전수해주기를 바라며 이 물건을 바쳤으며 이때 암수 두 마리의 사슴이 숲에서 나와 이 장면을 바라보았다.

법륜은 붓다의 가르침을 상징하며 사슴은 각각 배움을 청한 브라흐마와 인드라를 의미하고, 이들 사슴의 자세는 법륜을 향해 고개를 치켜들고 있는데 가르침을 귀중하게 듣고 있는 모습을 뜻하며, 몸이 전반적으로 뒤로 젖혀진 자세는 명상을 나타낸다고 한다. 이 이야기가 정설로 받아들여진다.

14대 달라이 라마는, 사슴이란 동물은 무엇인가 들을 때 고개와 귀를 뒤로 젖히는바 이 자세는 바로 붓다의 가르침을 민감하게 받아들이라는 상징이라 설명했다. 법륜 안의 여덟 개의 바퀴살은 모든 방향에서부터 다가오는 부정적인 힘에 대한 승리를 의미한단다. 더불어 내부를 향하는 바퀴살은 고통이란 외부의 것이 아니라 내부적인 조건임을 상기시킨다고 말했다. 조형물 속의 구조 하나하나가 허투루 만들어진 것이 아니다.

따시 고망 앞에 서니 인도 녹야원에서 만났던 감회가 새롭다. 모두 이렇게 보이지 않는 끈으로 연결되어 있다.

봉우리는 축복한다

나는 언제처럼 붓다의 이야기를 들었을까. 그로부터 참 먼 길을 오늘까지 에돌아왔다. 누구나에게 자신의 문이 있기에 방법이 다르지만 내가 선택해서 연 문은 인도를 열고 들어가 힌두교를 만났고 히말라야라는 회랑을 따라 걸으면서 이렇게 티베트불교에 이르렀다.

티베트 사원의 지붕의 사슴과 법륜, 그리고 따시 고망 촐뗀이라는 산봉우리는 이야기한다.

티베트사원이라면 두 마리 사슴이 법륜을 바라보는 조형물이 어디든지 있다. 사진은 라싸 조캉사원의 구조물로 붓다가 최초로 입을 열어 설법을 시작한 순간을 의미한다. 모르면 사슴이지만 의미를 알면 인류 종교 역사상에 가장 소중한 순간을 지금 이 자리에서 만나게 된다.

"나의 가르침을 받고자 한다면 들을 귀를 준비하라."

통상 티베트불교에서는 붓다의 설법시기와 내용에 따라 삼법륜三法輪을 말하고 있다.

전법륜轉法輪은 법륜이 막 구르기 시작한 최초의 설법으로 사성제, 즉 고집멸도를 설한 것을 말한다. 이것은 소리를 듣는 사람이라는 의미의 성문승聲聞乘을 위한 가르침이다.

두 번째는 조법륜照法輪, 이때는 영취산에서 모든 현상은 자성이 없음을 기초로 중도中道의 가르침, 즉 모든 법은 공空함을 밝힌 반야경 계열의 가르침을 펼친 것을 의미한다. 이것은 성문승을 지나 대승大乘을 위한 가르침이었다.

마지막은 지법륜持法輪으로 바이살리에서의 유식과 중도의 가르침. 참으로 존재하는 것이 없음을 밝혔으며, 대승에서도 높은 근기의 사람들을 위한 설법이었다.

티베트불교에서는 설법에 대한 설명이 독특하여 원시경전 『아함경』에 익숙한 사람이라면 불편하지만 한 번 들어볼 필요는 있다. 이 글은 티베트 망명정부에서 발행한 『*Tibetan buddhism, A Living tradition*』에 있는 글이다.

사위성 근처의 기원정사에서 보름동안 놀라운 기적을 보임으로써 여섯 외도를 제압하고, 몇 년 후 붓다는 왕사성 근처의 영취산 꼭대기에서 두 번째로 법륜을 굴렸다. 수많은 보살과 성문聲聞과 천인天人들이 모여 붓다의 설법을 들었다. 이 자리에서 붓다는 (현재) 반야경 속에 들어 있는 궁극적 가르침을 설했는데, 그 핵심이 되는 것은 공空 철학이다. 또한 대승불교의 일반적인 체계도 설했다. 그리고 어느 곳에서는 (현재) 금강정경과 보적경 등 대승경전(의 내용)을 설했다. 반야경은 후에 나가르주나[龍樹]에 의해 전개되는 중관철학中觀哲學의 근본이 된다. 후에 붓다는 바이샬리에서 세 번째 법륜을 굴리는데 해밀심경解心密經이나 다른 유식철학唯識哲學의 기본이 되는 내용들을 설하였다. 이것이 후에 아상가[無着]와 바수반두[世親]에 의해 교리적으로 천착되었다.

영취산에서 (현재의) 반야경 (내용을) 설함과 동시에 안드라 푸라데쉬에 있는 지금의 아마라바티Amaravati인 다냐카타카에서 샴발라의 왕인 찬드라바드라에게 칼라차크라 딴뜨라를 가르쳤다. 마찬가지로 이 세상의 여러 상스러운 장소들, 오디야나나 도솔천이나 삼십삼천 등에서 네 가지 종류의 딴뜨라에 대한 수없이 많은 딴뜨라를 설했다. 예를 들어 우안거 석 달 동안 어머니에게 설법하러 삼십삼천에 갔을 때 우쉬니샤시타탑트라 딴뜨라를 설했다. 포탈라 천에 있을 때는 관세음보살의 여러 가지 딴뜨라들을 설했으며, 아자샤트루 왕이 부친을 살해한 것을 제도하기 위해 비다르나 딴뜨라를 가르쳤다. 이 세 가지 딴뜨라들은 크리야 딴뜨라 계열에 속한다.

이런 이야기는 문외한에게는 조금 황당하다. 설법이 이 세상이 아닌 곳에서도 동시다발적으로 나타난다. 티베트불교의 특징 중에 하나다.

그에 대한 설명이 뒤따른다.

대부분의 딴뜨라에서 붓다란 (역사적 인물인) 석가모니 부처가 아닌 바즈라다라를 가르치는데, 고귀한 딴뜨라의 가르침을 내리기 위해 보신報身으로 현현한 때문이다. 갖가지 다양한 상황과 제자들에 따라 여러 몸을 가지고 나타난다는 사실은 일반적인 붓다의 전기에도 등장하는 바이므로 딴뜨라 승乘에서만의 독특한 현상은 아니다.

머리로는 이해가 가는 듯하나 마음으로는 완벽하게 이해하지 못한다. 나 같은 사람에게 붓다의 다른 세상에서의 설법은 가히 볼 수도 없고 가히 알 수도 없으니〔不可見不可知〕 오직 꾸준히 흘러가는 강물처럼 수행하면서 보고 들을 수 있는 시간을 기다릴 따름이다.

그러나 티베트불교에서 붓다의 가르침에 대해서 설명이 있으니 붓다의 가르침 카ka는, 첫째, 붓다가 직접 설파한 카, 두 번째는 붓다가 생존 시에 붓다로부터 영감을 받은 존재〔대변자〕에 의한 카, 마지막으로 후세에 수행자들에 의해 재발견되거나 새로운 힘을 얻은 카, 이렇게 세 가지가 있다고 하며, 이에 따라 '여러 차원의 설명과 여러 차원의 이해' 가 있단다. 그러나 모두 붓다 하나에서 나온 것.

어려운 길이라는데 어려운 만큼 매달려볼 가치가 있으며, 더구나 이 모든 것이 인간의 고통을 줄이기 위한 방편이 아니던가.

이렇게 팔만 사천의 법문을 펼치고, 붓다는 마지막으로 쿠시나가르에 온다. 열반에 즈음해서 '모든 현상은 멸한다. 자신의 해탈을 위해 부지런히 정진하라' 는 말과 함께 우측으로 누워 차례차례 선정의 깊은 단계로 진입하며 반열반을 맞이한다.

봉우리는 말이 없다. 구름이 찾아와 사방은 어둑하니 마치 스승이 가버린 세상처럼 변한다.

그러나 저 구름과 같은 빛깔, 먹물 옷을 입고 정진하는 구도자의 숫자는 기원전 6백년 이래 얼마나 무수했더냐. 팔만 사천 가지 가르침이 팔만 사천의 문을 열어 역사 이래 팔만 사천 무리의 팔만 사천 파에서 팔만 사천의 사람들이 수행을 했으나, 돌아보면 이것은 다만 붓다의 지극한 일미一味일 따름이었다. 일미란 동해의 바닷물, 저기 지중해의 바닷물, 더불어 대서양의 바닷물, 어디를 섭렵해도 모두 같은 맛이라는 의미로 많은 사람들이 많은 문을 열고 들어가 경험한 것은 오로지 한 가지 맛이었을 뿐.

그 맛을 보고 싶지 않은가.

먹물 가사를 입고 수행하고 싶지 않은가.

바람이 불어와 작은 기도깃발들이 펄럭거린다. 힌두교의 바람의 신 바이유는 불교로 들어와 서북방에 자리 잡았다. 바람이 신속하게 부는 일은 바이유가 내달리면서 붓다의 뜻을 빠르고 널리 펼치는 교화를 의미한다. 봉우리를 바라보며 붓다의 일생을 바라본다. 성스럽고 순수했던 한 인물이 몹시도 그립다. 세상의 종교 중에서 불교처럼 한 인물이 사라진 후, 마치 거대한 나무가 쉼 없이 자라나듯이 승단이 조직되고 구도자들이 쏟아져 나온 체계적 모습을 가진 종교는 없었다. 그 시작은 단 다섯 명이었으며, 그 전에는 단 한 사람이었다.

큰 스승께서 기원전 6세기에 활짝 열어놓은 문. 그 문을 상징하는 봉우리 하나가 강 린포체〔카일라스〕 우측에서 하늘을 향해 솟아 있다. 법륜이 구른 이후, 갠지스의 모래알처럼 많은 아승기阿僧祇의 그 문을 들어선 모든 사람 '기어이 마지막 단 한 사람까지 모두 해탈에 이를지어다' 축원하며 하늘을 향해 일어서 있다.

"쌍게라 깝수치오〔붓다에 귀의합니다〕."

합장.

오체투지.

◉ 30

산신들은 아직 살아있다, 강리 라첸 기 포당

그 중심은 강림한 天神으로서의 山神이요, 조상이 묻힌 山의 신으로서의 山神이다. 山神은 단순히 수호와 축복을 주관할 뿐만 아니라 生産을 또한 관장하는 農神이기도 하다. 山神은 때로는 産神 또는 삼sam神이라 하여 生産神을 뜻하기도 하다.

—이훈구의 『비교종교학』 중에서

토속신들은 어찌 되었을까

● ● ●

미라래빠가 땔감을 구하기 위해 자신의 동굴을 떠났다. 얼마 후 되돌아오니 주먹만 한 눈을 가진 일곱 악마가 동굴 안에 있는 것이 아닌가. 제 아무리 미라래빠지만 겁에 질렸다. 그는 붓다를 찾고 악을 조복시키는 만뜨라를 외웠으나 웬걸, 악마들은 꿈쩍도 하지 않았다.

미라래빠는 생각했다.

"이들은 이 지방의 신들인지 모르겠다. 내가 여기 오래 머물렀지만 이들을 공양해준 적이 없었구나."

미라래빠는 노래한다.

"너희, 여기 모인 인간 아닌 악마들은 장애물이다. 이 우정과 사랑의 감로수를 마시고 가거라."

일곱 중 셋은 사라졌다.

다시 노래했다.

"너희 악마들이 오늘 이렇게 와준 것은 참 좋은 일. 내일도 오도록 해라. 우리는 가끔 이야기를 나누자."

이제는 하나가 남았다.

녀석은 춤을 추었다.

"너 같은 악마는 나를 협박할 수 없다. 네가 그런 (협박 한)다면 자비심을 일으키는 일도 별 의미가 없으리라. (중략) 바즈라다라시여, 이 비천한 자가 온전한 자비심을 갖도록 축복하소서."

그리고 악마의 입에 자신의 머리를 집어넣었다. 그러자 악마는 사라졌다.

이 이야기 속에는 티베트 사람들의 생각이 고스란히 녹아 있다.

첫 번째, 두 번째 노래 안에는 악마에 대한 대접이라는 관대함이 엿보인다. 즉 어르고 달래며 악마와 더불어 사는 삶이다. 세 번째는 적극적인 수용이다. 껴안아 하나가 되는 행위다. 이렇게 지방신들은 티베트의 요기들, 동굴수행자들과 충돌했고, 대접 받으며 화해했거나, 하나로 녹아들었다.

강리 라첸 기kangri lhabtsen gyi 포당은 강리-눈을 뒤집어 쓴, 라첸-왕, 기는 의, 포당-궁전으로 그대로 이어서 풀어보면 '눈을 뒤집어 쓴 왕의 궁전'으로 설왕봉雪王峰 쯤 되겠다. 5천730미터의 독립봉으로 준수와는 거리가 먼 다소 심심한 모습을 가진 그리 잘생긴 멧부리가 아니다.

본래 티베트에서는 산 하나하나가 모두 신이다. 라첸은 뵌교에서 티베트 산신 중에서도 매우 지위가 높았으나 불법이 들어오면서 파드마쌈바바의 교화에 의해 붓다에 귀의하며 불도현성佛道現成의 길로 접어들었으며 그 후 강 린포체〔카일라스〕의 수호자가 되어 동쪽 자리를 지키고 있다. 그렇게 불교의 가르침을 받아서일까, 무력의 강성한 기운은 이미 빠져나가 수수하다 못해 도리어 여성적이다.

보통 흰색의 두건을 쓰고, 혹은 수정으로 만든 하얀 모자를 쓰고, 하얀 옷을 입고, 한 손에는 칼을 다른 손에는 채찍을 들고, 하얀 말을 타고 있다고 한다. 붉고 푸른 얼굴에 사자 이빨을 가지고 있으나 사원에서는 붉고 때로는 푸른 얼굴에 부리부리한 커다란 눈알을 굴리고, 눈 표범〔雪豹〕의 날카로운 이빨을 드러내며 상대를 압도하려는 모습을 취한다.

산신 신앙

티베트 민속잡지사의 장종현張宗賢의 연구에 따르면, 티베트의 민간전통 신앙에서는 동서남북 각 방향에 4대 산신이 있다고 한다(다른 연구에 의하면 방향이 다르게 나오기도 한다. 그러나 4대 산신이 있는 것은 모두 일치한다).

동쪽 아랍향보雅拉香保 산신

서쪽 길강와상포吉康瓦桑布 산신

남쪽 랍잡일고랍알일拉卡日孤拉嘎日 산신

북쪽 염청당고랍念青唐古拉 산신

여기에 5의 산신이 더해져 '세계를 만드는 아홉 산신〔九大山神〕' 이 티베

트에 불교가 들어오기 전부터 현재까지 숭상 받던 존재들이란다.

이에 각 지방에 산신들이 있는바, 강디쓰 지역[강 린포체 일대]에 바로 장수신인 다섯 자매신이 있다. 이 장수신 중에 하나가 바로 따시 쩨링마다.

티베트에서는 모든 산은 이름을 가지고 모든 산에는 라[神]가 있으며 큰 산에는 큰 신이 거주하고 작은 산에는 작은 신이 거주한다고 생각한다. 고대인의 자연숭배 의식이 배어나오는 이야기다.

장종현은 연구를 위해 티베트를 방문했다가 유목민 노인에게 이런 이야기를 듣는다. 이쪽 산신들은 우리나라 산신들과 차원이 다른바 산이 크고 그만큼 막강한 영향력을 가진 탓이리라.

"산신이 사람들에게 숭배를 받는 이유는, 산신은 바람을 부르고, 비를 내리게 하거나, 눈과 우박을 내리게 할 수 있기 때문이다. 그리고 우리들의 행복과 건강, 유목이 잘되도록 보살펴주며 여러 가지 재난으로부터 우리를 보호해 준다. (중략) 우리는 산신을 존경하며, 간청하기도 하며, 탄복하기도 한다. 산신은 어떤 신보다 쉽게 노하기 때문에 고산의 눈 덮인 고개, 깎아지른 듯한 암벽, 원시삼림 등을 지날 때는 모든 곳에서 조심을 해야 한다. 고성으로 떠들거나 소란을 피우면 산신의 노여움을 사서 당장 광풍이 미친 듯이 불고, 벼락이 몰아치며, 비가 억수같이 내려 (계곡이) 범람이 일어나 모든 것을 멸한다. (중략) 산신은 종종 말을 탄 사냥꾼의

강 린포체 남쪽의 쎌룽 사원에 모신 산신이다. 티베트인들이 생각하는 산신은 외모가 매우 매섭다. 눈매, 치아, 그리고 무기를 가진 모습이 친절함과는 거리가 멀다. 문명이 발달하면서 난관을 맞아 소멸되는 산신들이 아직 대우받고 모셔지는 강 린포체 일대.

형상을 하고 고산의 협곡을 돌아다니는데 사람들은 그 모습을 자주 만날 수 있다. 만약 (그에게) 잘못을 저지르면 병을 얻게 되고 심한 경우에는 죽는다."

산신은 기후 그리고 질병을 좌우하기에 항상 예의를 지켜야 한다는 이야기다. 수렵 그리고 유목이 삶의 대부분이었던 시기에는 기후에 의해 삶이 심하게 영향을 받았을 것이고, 고원과 산지로 이어지는 티베트 지형에서 살기 위해서는 산신의 존재가 특별했으리라. 산신은 기후, 동식물의 번식, 인간의 질병과 전염병을 일으키는 일은 물론 그것을 없애주는 일까지도 관할했다. 하늘에서 비가 내리고, 그 비로 인해 숲이 우거지고, 물이 모여 하류로 흘러가 경작을 이루는 모습을 본다면 산은 바로 하늘과 연결되어 있다. 산신은 외부로부터 적을 막아주는 수호신뿐 아니라 농업을 담당하고〔農神〕 가축을 키워내며 농작물을 키워주는〔生産神〕 역까지 도맡았다.

그러나 산신들의 본래 출신지가 산이라고 생각하면 오해다. 신화의 대부분을 살펴보자면 산이 아니라, 하늘에서 내려와, 산에 머물게 된 신들로 하느님의 자식이 높은 산으로 하강했다고 말한다. 사람들에게는 천신은 너무 멀고 높은 곳에 계셨으니 중간 단계에서 자신들의 이런저런 호소를 들어줄 존재가 필요했다. 우리식으로 이야기하자면 제석천〔인드라〕의 아들은 단군으로 산신이 되었고, 천제의 아들 주몽은 신묘神廟의 고등신高登神이 되는 식으로, 이들은 모두 천신과 인간의 중간 매개체로 하늘 출신이다.

산신은 수행자를 돕는다

동산東山의 능행인能行人은 교敎와 관觀에 밝은 분이었다. 굳은 의지로 정진하여 한번 참실懺室:참회법을 행하는 집에 들어가서는 추우나 더우나 변치 않고 40년을 계속하니 절강浙江 땅에 이름이 널리 알려졌다. 그러나 자신은 한 번도 스스로를 수행인이라고 한 일이 없었고 그에 대해 말하기를 '지자대사는 하루 여섯 차례 예불하고 네 차례 좌선하는 것으로 수행의 일과를 삼았는데 하물며 나는 무엇을 했단 말인가?' 라고 하였다. [중략]

늘 산에 들어가 호랑이를 길렀으나 호랑이가 해칠 마음을 먹지 않았고, 혹 비바람치는 캄캄한 밤에 언덕 위 무덤에서 좌선하는데도 심신이 편안하여 두려운 마음이 없었다.

절에는 산신이 있어서 영험으로 그 지방을 교화하였는데 능행인은 항상 그 산신과 친하게 지냈다. 어쩌다 향이 다 떨어지면 원주가 그때마다 능행인에게 알렸다. 능행인이 곧 기도를 드리면 이튿날 시주하는 사람들이 문이 메워지게 찾아오곤 하였다. 스님네들이 그 까닭을 물어보면 그들은 어젯밤에 누군가 집집마다 돌아다니면서 절에 상주물이 다 떨어졌다고 알려주는 사람이 있기에 공양을 올리러 왔다고 하였다.

—『인천보감人天寶鑑』〈동산 능행인能行人〉중에서

산신이 수행자를 돕는 이야기다. 금강승은 물론 대승의 집안에서는 산신 이야기를 심심치 않게 찾을 수 있다. 역시 『인천보감人天寶鑑』에는 선가에 관심이 있는 사람이라면 귀에 익은 앙산 혜적仰山慧寂 선사가 암자 터를 보러 산에 들어갔을 때 두 산신이 수행에 적당한 자리를 보아주는 각별한 이야기도 있다.

『본생경』에서는 마하빠두마 왕자 이야기가 나온다. 이 왕자는 붓다의 전생으로 모든 사람들의 존경을 받는 뛰어난 사람이었으나 나이 어린 계모가 그를 유혹하고 이를 거절하자 중상모략에 휘말린다. 사랑에 눈이 먼 부왕은 자초지종을 살피지 않고 왕자를 절벽 위에서 던져버리라고 명령을 내린다. 그러나 바닥에 닿기 전에 산신이 그를 구해주고 이 산신은 후에 붓다의 제자 사리붓다가 된다. 까마득한 옛날부터 산신의 존재를 인정하고 있었다는 반증이다.

이렇게 산신의 이야기는 불교 곳곳에 있다.

"나무 사만다 못다남 옴 도로도로 지미 사바하."

티베트 산신에게 단정하게 합장 인사드린다. 산이 상대를 압도하는 기운은 없으며 역시 억세지도 않은 채 수수하여 부담이 없다.

산신과 같은 토속신을 배척하지 않고 친근하게 지내는 일은 무방하지만, 무속인처럼 무작정 길흉화복을 위해 적극적으로 귀의하는 일은 어리석다. 이유는 산신들은 인과因果에 대한 이해가 사람보다 부족하며 힘을 가지고 있되 법력이 아닌 탓이다. 자연에서 일어나는 현상을 살펴보고 그 바탕 에너지를 본다면 수행자들은 산이라는 총화에너지[산신]를 멀리할 필요는 없겠지만 다르마[法]와 맞지 않는다면 미라래빠처럼 머리를 들이미는 용기도 필요하겠다.

● 31

역사는 흘러흘러, 까르마빠 움막

신을 두려워하지 마라.
유령들도 두려워하지 마라.
오로지 그대들이 절을 올리는
스승을 두려워하라.

—티베트 격언

까규바, 이 기회에 더욱 정확히 알고 간다

세 봉우리가 연이어 서 있는 곳을 지나면 유목민 텐트가 있다. 유목민들은 순례객들을 위해 한 동의 텐트를 더 설치해 놓았다. 두꺼운 천이 아니라 하얀 반투명의 천이라 안에 들어가니 밝고 편하다. 차에 적신 짬바를 주무르고 있다가 갑자기 천을 젖히며 들어오는 사람을 반기는 표정 안에 궁금증이 많다.

"항공."

손가락으로 나를 가리키며 먼저 소개한다. 중국인들에게 피해를 보는 사람들이라 텐트를 열어젖히면 때로는 얼굴에 긴장이 먼저 찾아오기도 한다. 정확한 발음은 아니지만 항공, 이렇게 말하면 얼굴에 웃음이 번지는 이유는 티베트 사람들은 중국인이 아닌 항공〔韓國〕인에게 우호적인 탓이다.

가끔 빗줄기가 떨어지지만 무시해도 좋을 정도다. 텐트 안에 있을 때 톡톡 가볍게 내리는 비는 도리어 여행 낭만을 불러온다. 얼굴이 미인형인 안주인은 왼손에 염주를 놓지 않고 계속 굴리고 있다. 저 정도라면 어디를 가든지 염주가 손에 들려있을 것이다. 작은 난로에서는 히말라야 노간주나무 태우는 냄새가 난다. 여기에 산양, 염소 그리고 야크 배설물을 간간히 집어넣어 불기운을 꾸준하게 유지하고 있다. 테이블 위에는 짬바, 말린 야크고기들이 보이고, 옆에 놓인 탁자 위에는 보온병이 몇 개 반짝거리며 늘어져 있으며, 차를 만드는 동모가 한쪽에서 때를 기다린다.

지난밤 경사가 급한 미롱 툴Milong Thur이 끝나고 막 평원이 시작되는 곳에 설치된 유목민 텐트에서 하룻밤을 잤다. 초저녁에는 몇 사람 없었으나 밤이 되면서 순례객들이 꾸역꾸역 모여들어 좁은 공간에서 무려 14명의 티베트 사람들과 어깨를 부딪치며 잠을 잤다. 세찬 비바람이 몰아쳐 새벽에 이르도록 텐트가 미친 듯이 나부끼듯 흔들리고 가끔 텐트 안까지 천둥소리가 우르르 스며들며 땅이 흔들렸다. 마치 험한 파도가 몰려오는 바닷가에서 있는 듯 땅이 고동을 쳤다. 그런 칠흑 같은 밤에 될마라를 넘어 손전등 하나 없이 미롱 툴을 내려오는 일은 그야말로 미친 짓이 아닌가. 여기는 비지만 될마라 부근은 커다란 눈송이가 몰아치는 폭설이 아니겠는가. 그런 험악한 환경에서 평소 티베트인들을 보호하는 파드마쌈바바, 될마[따라 여신] 혹은 첸레식[관세음보살]이 없다면 산을 넘어오는 일은 불가능이 아닌가. 어떤 이는 새벽 1시에 들어와 텐트 한 구석에서 잠을 청했다. 그들은 어스름한 새벽에 웅얼웅얼 불경을 외우면서 행장을 꾸려 다시 떠났다. 감탄!

지난밤 비구름이 완전히 물러가지 않아 사방은 어둑했다. 하룻밤을 묵었던 유목민 텐트에서 남쪽으로 걸어 내려오는 길은 너덜지대 일부 구간을 제외하고는 비교적 편했다. 길 곳곳에는 마니석들이 무리지어 쌓여 있었다. 반드시 시계방향으로 산을 걷는 티베트 사람들이라 여기까지 마니석들을 운반해 오기에는 어마어마한 시간과 노력이 필요했을 것이다. 그냥 눈을 질끈 감고 달첸에서 시계반대방향으로 거슬러왔다 해도 돌덩이 무게로 치자면 보통 공들인 일이 아니었다. 글씨 하나하나는 물론 마니석 하나하나가 모두 지극한 신앙심에 더해진 정성 덩어리가 아닌가.

두 번째 유목민 텐트에서 우호적인 시선을 받으며 차를 마신다. 네팔, 파키스탄 그리고 인도 등의 히말라야 지역에서 내가 한국 사람이라고 말하면, 한국이 뭐 별거 있다고, 부러움의 시선을 보내는 사람들이 많다. 그러나 티베트 사람들에게는 부러움이라는 기운은 없이 다만 상대편에 대한 호기심 섞인 우호적인 시선을 보내니 바깥에서 무엇인가 구하지 않고 자신의 안에서 해결하는 사람들의 특징이다.

두 번째 텐트에서 다시 남쪽으로 걷다보면 이제 까르마빠와 연관된 장소를 만난다.

강 린포체[카일라스] 일대는 닝마빠, 까규바, 샤까파 그리고 겔룩빠 이렇게 티베트불교 4개 종파 중에서 까규바와 가장 인연이 깊다. 물론 티베트에 불교를 제대로 일으킨 닝마빠의 시조 파드마쌈바바가 최꾸 곰빠 근처 빼마푹에서 동굴수행을 했지만, 그 후 까규바의 미라래빠가 이 산의 주도권을 뵌교에서 불교로 가지고 왔고, 역시 까규바의 괴창빠가 강 린포체[카일라스]

를 온전하게 탑돌이 하는 꼬라의 길을 완성했으며, 이곳에 현재 남아있는 사원 모두 까규바 사원들이기에 조금 심하게 이야기하자면 강 린포체[카일라스]는 까규바의 자랑스러운 전통이다.

까규바의 티베트인 초조初祖 마르빠는 인도에서 배워온 가르침을 미라래빠에게 전했고, 미라래빠는 다시 감뽀빠와 래충빠에게 전하게 된다. 이들은 주로 무명으로 만든 하얀 옷을 입고 수행을 했기에 자연스럽게 붙은 이름이 까규바[백교白教]로, 설산과 주변 동굴에서 극심한 고행을 통해 수행하는 방식을 선호한다.

2대 미라래빠에 이어 3대 조사인 감뽀빠에서 드디어 까규바가 체계적인 골격을 드러낸다. '커지는 달빛-공덕' 을 의미하는 감뽀빠는 다고 지방의 의사 출신으로 부족함이 없는 삶을 살아가다가 어느 날 문득 세상의 무상함에 눈을 뜬다. 그러면 남은 일이 무엇이 있겠는가, 스승을 찾아 나서는 일.

우리는 언제 스승을 찾는가. 무상함에 대해 눈을 뜨는 순간부터 온다. 어느 날 문득 일상에 대해 '이것이 아닌데' 생각이 드는 순간, 그동안 명예니, 재화니 자신이 삶에 가치를 두었던 것들이 아무리 다시 생각해도 가치가 없다 느끼는 순간, 그것들이 마치 갈증에 계속 마시는 소금물과 같다고 여겨지는 순간, 그리고 그동안 잠복해 있었던 죽음이라는 대명제가 앞으로 나오는 순간, 이제 삶과 죽음을 겪어야 하는 나는 무엇인가? 이런 궁금증을 가지게 된다. 바로 이 무렵이 스승을 찾아나서는 출발지가 된다.

미라래빠는 둥근 반석 위에 앉아 있었고 감뽀빠는 준비한 황금을 발아래 내려놓았다.

"이 늙은이에게 황금은 필요하지 않다. 그대가 필요할 때 쓰도록 하라. 그대의 이름은 무엇인가?"

"저는 공덕功德입니다."

"공덕, 그렇지 그대는 중생들에게 귀한 공덕이 되어라."

미라래빠는 이 이야기를 세 번 반복했다.

감뽀빠는 여쭈었다.

"스승이시여, 한 생에 붓다에 이를 수 있습니까?"

이 이야기 참 중요하다. 붓다가 되고자 결심한 사람이라면 생을 이어가며 언제쯤 그 위치에 도달할지 막막하다.

"그렇다. 마음속에 티끌만한 집착도 지니지 않는다면 한 생애에 붓다에 이를 수 있다."

티베트불교는 다만 한 생에서 끝장 볼 수 있다는 자신감으로 넘친다.

미라래빠는 이때 자신이 마시고 있던 창 술을 감뽀빠에게 넘겨주며 마시라 한다. 그러나 감뽀빠는 여러 사람이 보고 있고, 자신이 이제 진정한 수행자가 되려 하는 순간인데 술을 마시면 되겠나 고민한다. 이 짧은 순간에 미라래빠가 어서 마시라 재촉하니 감뽀빠는 스승이 다 알아서 하시겠지, 생각하고는 요즘말로 완샷 한 방울 남기지 않고 마셨다. 스승에게 절대적으로 의탁하고 귀의하는 마음, 미라래빠는 그 순간을 읽었고 제자의 그릇을 알았다. 붓다가 금한 음주를 스승의 말을 따라 마셨으니 말해 무엇할까.

"저 애는 모든 가르침을 담을 큰 그릇이 되어 법통의 후계자가 될 것이다."

그리고 실제로 그렇게 되었다.

감뽀빠는 그 후 두타행頭陀行을 통해 미혹을 떨쳐 깨달음을 얻고 미라래빠에게 은밀한 법을 전수받고 떠나게 된다.

여기까지의 법맥을 다시 살핀다.

인도인 띨로빠Tilopa, 988~1069

인도인 나로빠Naropa, 1016~1100

티베트인 마르빠Marpa, 1012~1096

티베트인 미라래빠Milarepa, 1052~1135

티베트인 감뽀빠Gampopa, 1079~1153

결국 감뽀빠 문하에서는 출중한 많은 제자들이 배출되어 이들은 훗날 스승의 뜻을 바탕으로 분지해 가면서 꽃을 피워 '네 개의 크고 여덟 개의 작은 법통'으로 나뉜다.

① 깔마 까규, ② 찰빠 까규, ③ 바람 까규, ④ 파그모 까규 이것이 큰 가지다. 감뽀빠의 제자 중에는 파그마 투루빠가 있고 그는 ④ 파그모 까규를 일으킨다. 여기에 제자들은 다시 뜻을 조금씩 달리하면서 ① 디쿵, ② 타쿠룽, ③ 드로뿌, ④ 둑빠, ⑤ 마르챵, ⑥ 옐파, ⑦ 숙셈, ⑧ 얌상으로 나뉘지만 현재 남아 있는 것은 ① 디쿵, ② 타쿠룽, ④ 둑빠, 세 종파뿐이다.

조계종이 천태종과 무엇이 다른지 모르는 사람이라면 이 분류가 무엇을 의미하는지 몰라도 무방하다. 다만 시작은 비슷했으나 이렇게 분류된 종파宗派들이 무엇을 가장 중요시하고, 무엇이 공통점인가 하는 문제다. 그것은 바로 착첸[마하무드라], 즉 대상징大象徵 대봉인大封印으로 까규의 핵심인바 티베트불교에 관심이 있는 사람이라면 따로 진중하게 공부가 필요한 부분이다.

전해오는 이야기에 따르자면 하루는 감뽀빠가 걸출한 세 명의 제자를 불러 반 필 정도의 천을 나누어주었다. 그리고 원하는 대로 잘 활용하고 다음날 자신에게 찾아와 어떻게 썼는지 이야기하라고 했다.

첫째, 뒤슘켄빠1110~1193, 모자를 만들어 왔다.

둘째, 팍모두빠1110~1170, 스승이 내리신 천이라 자신의 옷 안에 소중하게 꿰매 덧붙였다.

셋째는, 술과 바꾸어 먹었다.

감뽀빠는 첫째에게 말했다.

"미래에 그대의 명성이 제일 널리 알려지리라."

둘째에게 말했다.

"미래에 그대의 제자 중에 비밀한 가르침을 수행하는 은둔수행자가 매우 많을 것이다."

셋째에게 말했다.

"너는 혼자 정토에 태어나게 될 것이다."

두 번째 천을 꿰매어 붙여온 팍모두빠는 1354년 팍모두빠 왕조를 탄생시켜 1세기 정도 티베트를 지배했다. 그의 제자들은 감뽀빠의 예언대로 현재 따시종을 중심으로 많은 은둔수행자들이 동굴 내에 들어가 무문관 전통을 이어가며 밀교수행을 거듭하고 있다.

모자를 만들어온 뒤슘켄빠가 바로 1대 까르마빠가 되는 인물이다. 20세에 출가하여 10년간 용맹정진하고 나이 30세가 되던 해 감뽀빠가 주석한 탁클라 감뽀로 찾아가 배움을 청했다. 감뽀빠에 이어서 행복하게도 미라래빠의 '달과 같은' 두 번째 제자인 래충빠에게도 가르침을 받게 된다. 이 파가 가장 우뚝 솟아 활불제를 채택하여 거듭되는 환생자를 찾아 현재 17대 까르마빠까지 이르렀다.

그러나 자칫했으면 감뽀빠의 제자가 되지 못할 뻔했던 일화가 있다.

감뽀빠가 탁클라 감뽀에 주석했을 무렵, 뒤슘켄빠는 같은 고향 수행자 두 사람과 함께 감뽀빠에게서 멀지 않은 장소에서 수행했다. 어느 날 이들은 정진을 위해 재齋를 올리기로 한다. 그런데 이 재齋, 즉 바즈라바라히 가나챠크라는 중간에 술을 마셔야 하기에 엄격한 규율이 적용되는 이곳에서 수석 계율사에게 들키면 큰일이었다. 서로 의견을 나눈 끝에 그대로 밀고나가 여름이 시작하는 첫 달 열흘에 밤새 춤추고 노래하며 기도문을 외우기로 했다. 이런 소리가 밤중에 들리는데 발각되지 않는 일이 더 이상하지 않겠는가. 화가 머리끝까지 올라온 수석 계율사가 찾아왔고 추방을 명하며 아예 세 사람을 대놓고 때리기까지 했다. 그들은 스승 감뽀빠에게 하직인사 드릴 시간도 받지 못하고 새벽에 강제로 하산 당한다.

동굴에 있던 감뽀빠는 새벽녘에 시자에게 자신의 꿈을 이야기했다.

"참, 이상하다. 간밤 나는 사원에 내려가는 길 위에서 신비로운 일이 일어나는 꿈을 꾸었는데, 오늘 새벽꿈에는 그 길 위에서 칸도[다까]와 칸돌마

〔다끼니〕들이 어디론가 부산하게 떠날 준비를 하더라."

즉 그들이 재를 올리던 시간에는 수행자를 보호하는 신들이 모여드는 신비한 기적이 일어났고, 쫓겨가는 순간에는 신들이 그들과 함께 떠나버렸다는 이야기. 감뽀빠는 시자를 시켜 그 길에서 무슨 일이 있는지 살피게 했다. 시자가 내려가 보자 예배바위에서 세 명의 캄 수행자들이 바위에 수없이 절을 하며 떠날 준비를 하고 있어 신속하게 돌아와 자신이 본 것을 일렀겠다. 감뽀빠는 서둘러 따라가 가파른 협곡 아래 그들이 내려가는 모습이 보이자 바위에 엎드려 그들의 옷을 낚아채는 시늉을 하며 올라오라! 되돌아오라! 큰 소리로 노래를 불렀다.

노래의 내용은 붓다가 살아있을 때, 자신들은 함께 있었다는 이야기였다. 즉 자신이 붓다에게 청해 『삼매경』의 설법을 들었고, 설법을 모두 듣고는 자신이 붓다 앞에 나가 『삼매경』의 가르침을 넓게 펼치겠다고 서원을 했고, 이어서 (전생의 너희들) 세 명이 앞으로 나서 합장 배례하며 훗날 때에 이르면 자신을 돕겠다고 맹세했다는 이야기.

이들은 부름의 노래를 듣고 다시 올라와 감뽀빠와 함께 바위 위에서 노래를 부르고 춤을 추었는데 바위에는 아직 그들의 발자국이 어지럽게 남아 있단다.

호탕들하다! 넉넉한 작풍이 아닌가.

이 사건 이후 세 사람은 감뽀빠의 아낌없는 배려를 받았을 것이라는 예측은 쉽다. 칸돌마〔다끼니〕를 몰고 다닐 정도니. 이 세 사람 중에 하나가 바로 훗날 초대 까르마빠가 되었으니 자칫했으면 음주죄로 쫓겨날 뻔 했으나 스

까르마빠가 수행했다는 움막은 여차하면 지나친다. 세월의 무상함을 반영하듯 거의 폐허와 다름이 없다. 칸돌마〔다끼니〕들이 모여들었다는 곳은 이제 기운이 완연히 바뀌었다. 어느 수행자 이 자리에 다시 찾아와 결가부좌로 앉아야 회복을 꿈꿀 수 있겠지만, 중국의 간섭으로 이런 씨앗조차 심을 수 없다.

승의 꿈으로 구제되어 제대로 수행하고 총애를 받으며 훗날 커다란 법맥을 굴릴 수 있었다는 이야기다.

초반에 이런 유여곡절을 겪었던 1대 까르마빠는 자신의 평소 예언대로 84세에 입적하면서 환생하리라는 이야기를 했다. 이런 환생은 현재 14대까지 달라이 라마 제도를 유지하고 있는 겔룩빠보다 앞선 것으로 자신이 비록 깊은 경지에 이르러 윤회를 하지 않을 수 있음에도 이것을 거부하는 것으로, 다시 태어나 고통 받는 중생들을 위해 일하겠다는 대승적인 결정이다. 까르마빠의 경우, 자신이 어느 집안에서 어떻게 태어날 것이라는 환생에 대한 소상한 기록을 편지 형태로 남기는 것이 관례이며 편지는 대체로 봉인되어 변조할 수 없도록 하고 있다.

흥미로운 사실은 이들이 다시 몸을 받아 환생하면서 어마어마한 부자나 명성이 자자한 집안에서 태어나기보다는 중류 혹은 하류의 신앙심 깊은 부모를 선택한다는 사실이다. 이런 넉넉지 않은 집안에서 커가면서 보고 들은 인간사는 뛰어난 가정교사 역할이 되어 훗날 자신이 큰 스승이 되었을 때, 가난하고 거친 생활을 하는 하층민들에게 보다 깊은 자비를 베풀게 된다. 환생의 위치조차 속 깊은 것은 물론 절묘하기까지 하다.

까르마빠가 훗날 환생자를 찾는 방법은 자신이 남긴 편지와 같은 문자라는 방법을 택한다. 1대 까르마빠가 남긴 서한을 근거로 도곤 레첸이 2대 까르마빠를 찾아냈고, 그는 겨우 10살에 이미 불교와 철학에 폭넓은 이해를 하고 있었으며 그 후 별다른 노력 없이 이미 깨달은 상태로 쉽게 들어갔다고 전해진다.

47살 되는 해, 몽골의 쿠빌라이 칸에게 법왕法王 칭호와 함께 티베트어로는 샤낙, 즉 바즈라 무쿠트〔金剛黑帽〕, 금박을 두른 검은 모자를 받아 그 후 정식으로 흑모파라는 별칭을 얻게 된다. 그러나 역사적으로는 5대 까르마빠〔데신 섹빠〕가 명조 영락제永樂帝를 교화시킨 후 하사 받았다는 이야기가 정통성을 갖는다.

반면에 까르마빠들의 샤낙〔바즈라 무쿠트〕에 관한 이야기는 조금 다르며 그 사연이 이 지역과 관련이 있다.

검은 모자는 어디서 왔는가

1대 까르마빠가 나이 50세 때, 강 린포체[카일라스] 동쪽 계곡에서 깊은 명상으로 완전한 깨달음에 들어간 순간이었다 한다. 깊은 법열法悅에 잠긴 그의 앞에 십만十萬의 칸돌마[다끼니]들이 찾아와 예를 올리면서 자신들의 검은 머리카락을 한 올씩 뽑아 샤낙[바즈라 무쿠트]을 만들어 씌웠으니 그것이 바로 흑모파의 기원이라는 이야기다.

이 모자는 까르마빠에서 다음 까르마빠로 전해지며 비중 있는 의식 때만 대중 앞으로 쓰고 나왔다고 한다. 그러나 이 검은 모자는 천상계에서 왔기에 되돌아가려는 경향이 있어 언젠가는 사라질 것이라는 이야기가 덧붙여진다.

현재 까르마빠는 17대, 달라이 라마는 14대이니 바로 전 세대, 즉 16대 까르마빠와 13대 달라이 라마 시기에 이 모자와 관련된 이야기가 있다.

16대 까르마빠는 출푸 사원에서 즉위식을 한 직후, 7살의 나이로 13대 달라이 라마를 만나기 위해 수도 라싸를 방문했다. 고원의 지도자는 겔룩빠의 수장 달라이 라마이기에 그의 앞에서는 자신을 낮추는 의미에서 누구나 모자를 벗어야 하는 것이 예의였다. 때에 따라서는 신발은 물론 무기도 지닐 수 없고, 손에는 예를 표하는 하얀 카타만 허용되었다. 그런데 13대 달라이 라마가 보기에 16대 까르마빠가 샤낙[바즈라 무쿠트]을 벗지 않고 들어와 함께 수행해 온 스님에게 이 문제를 지적했다. 모두들 어리둥절했다. 그런데 달라이 라마에게 오체투지를 하는 중에도 모자를 벗지 않는 게 아닌가.

모든 상황이 종료된 후에 달라이 라마는 물었다.

"왜 모자를 벗지 않았나?"

사람들은 다시 어리둥절했다.

까르마빠는 물론 주변 사람은 한결같이 대답했다.

"벗었는데요."

이때서야 달라이 라마는 까르마빠가 진정한 보디삿뜨바임을 알아차렸다. 그의 눈에 보였던 보관은 바로 다끼니가 만든 비가시적인 모자로 영적으로 수승한 사람 눈에만 보이는 것이었다.

이 16대 까르마빠[릭빼 도제]는 1959년, 14대 달라이 라마가 인도로 망명하던 해, 달라이 라마와는 다른 루트를 선택하여 인도 시킴지역으로 망명했다. 그 후 1981년 미국에서 암으로 열반에 들어 시킴의 룸텍 사원으로 모시고 와 다비식을 치른다. 화장을 시작하는 탑 아래에서 티베트로 향하는 발자국이 나타나고, 히말라야를 넘어온 매가 화장터를 선회하더니 다시 히말라야 너머 티베트 방향으로 날아가고, 더불어 화장하는 연기가 티베트 쪽으로 퍼져나가면서 사람들은 다음 환생하는 17대 까르마빠가 중국인이 폭정을 휘두르는 티베트에서 태어날까 두려워했다. 그리고 8년 후인 1989년, 16대 까르마빠가 제자 타이 시투 린포체에게 준 부적 안에 숨겨져 있던 16대 까르마빠의 유서를 찾아 '공작이 내지르는 기쁨의 울음만큼이나 기뻐하며'

1992년 4명의 섭정, 즉 제자들이 동시에 지켜보는 가운데 개봉되었다.

여기서부터 북쪽까지, 눈 덮인 고장의 동쪽에

신의 벼락이 저절로 타오르는 나라가 있으니

유목민들이 진을 치고 있는 그 멋진 곳은

소의 징조 아래 놓여 있으리라.

방편은 돈둡이며 지혜는 로라이니라

멀고도 기적과 같은 메아리와 더불어

땅을 섬기는 자와 같은 해에 태어난 자가

까르마빠로 불릴 사람이로다.

이 내용(해석자에 따라 내용이 조금씩 다르지만 큰 틀은 같다)을 쉽게 풀면 '동 티베트의 천둥소리 나는 곳에서, 아버지는 돈둡, 어머니는 로라라고 하는 두 사람에게서, 흙의 해에 태어난다' 는 것.

확실해졌다. 사실이 알려지자 중국은 직접 개입하여 출푸 사원의 스님 다섯 사람을 예언의 자리 라톡[신의 천둥]으로 보내고, 돈둡과 로라 사이에서 1985년 6월 26일에 태어난 우르겐 틴레로를 쉽게 발견했으며, 중국은 의례적으로 신속하게 정식으로 인정했다.

중국은 티베트 침략 이후 1대 까르마빠가 세운 출푸 사원을 대대적으로 파괴했다. 17대 까르마빠[우르겐 틴레로]가 티베트에서 태어나자 재빠르게 머리를 굴려 달라이 라마의 대항마로 키우기 위해 출푸 사원을 옛 모습으로 복구시키는 공사를 벌이고 17대 까르마빠를 적극 지원했다. 당시 달라이 라마는 세계적으로 유명세를 날리며 중국을 압박했고, 시가체의 판첸라마는 사망[중국에 의한 독살설이 파다하다]했으니 티베트인이 열정적으로 바라보는, 그러나 자신들이 좌지우지할 누군가를 필요로 했다. 그 시기에 딱 맞추어 까르마빠를 찾은 것이지만 역사로 보자면 중국은 호랑이를 키운 셈이다.

중국 정부는 신속하게 1992년 6월 27일 인정서를 발표한다.

시짱[西藏] 출푸 사원 까르마빠 16대 전생영동轉生靈童 인정 보고

티베트 자치구 참도현 라다향 빠구어 유목민 돈둡과 루어가 부부의 아들, 우르겐 틴레로를 까르마빠 16대의 전생영동으로 인정하고 까르마빠 17대를 계승하는 것을 허락하는 데 동의한다. 적당한 시기에 즉위식을 거행하도록 한다. 출푸 사원의 영동 탐색작업 관련자들은 적당한 스승과 시종을 선발하여, 불교와 문화 등 각 방면의 지식을 영동에게 학습시켜, 불교의 조예가 깊으며 사회주의 조국을 열렬히 사랑하는 까르마빠 17대로 키우기를 바란다.

다람살라 망명정부는 그보다 늦은 9월 27일에 환생을 공식 승인했다. 이런 결정에는 여러 가지 구체적인 물증은 물론 몇 달 전 14대 달라이 라마의 개인적 환영까지 역시 한몫을 했으니 기록을 따르자면 달라이 라마는 '까르마빠의 출생지를 보았다고 전했다. 그 장면은 잔디로 덮인 초록색 산이었다. 환영에서 좌우 계곡에 두 개의 냇물이 흘렀고 바람소리가 까르마빠

로 들렸다고 했다. 그의 환영도 우르겐 틴레로가 출생한 티베트 지역의 계곡을 정확히 묘사' 했다고 한다.

그런데 샤낙[바즈라 무쿠트]은 16대 까르마빠가 1959년 인도로 망명하면서 인도 시킴의 룸텍 사원에 안치해 놓았으니 17대 까르마빠는 샤낙[바즈라 무쿠트]을 써보지도 못한 셈이다.

17대 까르마빠는 1999년 12월 28일, 티베트를 탈출한다. 이때 출푸 사원을 탈출하며 남겨놓은 편지 내용 중에는 '샤낙[바즈라 무쿠트]을 찾으러 떠남' 이 있었다. 이 편지는 탈출 이틀 후에 중국인 관리에 의해 발견되었다. 17대 까르마빠는 현재 인도 티베트 망명정부가 있는 다람살라의 귀뙤 라모체 탄뜨라 대학에 주석하고 있다.

현재 17대 까르마빠는 두 명이다. 라싸에서 태어난 타예 도제는 1993년에 자신이 17대 까르마빠라고 선언한 후 아직도 그 주장을 철회하지 않고 있다. 중국은 이 두 파가 알력을 보이고 티베트 사람들이 두 파로 분열되었기 때문에 이 상황을 즐기고 있다. 16대 까르마빠와 17대 까르마빠는 2대에 걸쳐 망명하고, 17대의 경우 2명이나 나타나는 불행과 고난은 이미 5대 까르마빠[데신 섹파, 1384~1415]가 예언했다.

까르마빠 종파의 16대에서 17대 환생에 이르기까지
전체 불교의 가르침과 특히 까르마 캄창 종파가
마치 벌처럼 겨울잠을 자게 될 것이다.
중국 황제의 혈통은 끝날 것이요, 그 나라는 막강한 나라의 지배를 받게 될 것이다.

티베트는 북쪽에서 동쪽에 이르기까지 침략당하고

마치 반지에 박힌 다이아몬드처럼 포위당할 것이다.

1대 까르마빠가 그렇게 칸돌마[다끼니]의 검은 머리카락으로 만들어진 모자를 받은 지역은 자칫하면 지나친다. 궁극의 진리를 찾아낸 한 위대한 요기를 하늘이 축복하여 왕관을 만들어주었다는 곳은 아무런 안내서나 이정표도 없어 애써 두리번거려도 별다른 흔적을 찾아내기 어렵다. 중국인들이 사원만 손을 대었을까, 온전하게 남아있지 못한 것들은 모두 혐의를 가지게 된다.

다만 특이한 점은 동쪽에서는 돕첸추Topchen chu가 앞으로 흘러들어오고 북쪽에서는 람추Lam chu가 흘러와서 남쪽으로 빠져나가는, 즉 두 개의 강이 만나는 두물머리 지점에 명상처가 있는 풍수 정도다. 해발 고도는 4천900미터 정도로 약간의 내리막을 걷다가 조금 올라온 부근이라 앞뒤 길이 모두 끊어져 불룩한 지형의 서쪽 언덕 즈음이다. 한참 기웃거리며 지도에 의하면 이곳일 텐데, 이 근방일 텐데, 주변을 맴돌아 본다.

사실 이곳이 찾기 어려운 것일까. 아니다. 본래 숨겨진 곳, 칸돌마[다끼니]들이 출몰할 수 있는 백주에도 눈에 띄지 않는 그런 곳이기 때문이리라. 더구나 이제 말법시대에 몸을 숨겼으리라.

앉은 자세로 고개를 숙이면 머리가 닿을 만한 높이에 검게 푹 꺼진 흔적이 있는 큰 바위가 보인다. 꺼진 정도는 사람 머리 하나 정도다. 바로 뒤숨 켄빠가 깊은 명상 중에 칸돌마[다끼니]들이 자신의 머리카락을 한 올 한 올

뽑아 만들어 준 샤낙(바즈라 무쿠트)을 쓰고 나와 머리를 슬며시 댄 곳이란다. 까르마빠의 오두막은 파괴했지만 바위만은 어쩌지 못했나보다.

바위에 내 이마를 댄다. 이 이야기가 사실이건 아니건, 훗날 종교심 배양을 위해 만들어진 이야기이건 진실이건, 이마를 통해 내 안으로 들어오는 울림은 크다. 나 역시 시킴 히말라야를 걸으면서 티베트불교 중에 한 유파를 고르라면 기꺼이 까규바를 택하겠다고 맹세한 지 5년이 지났으니.

까규바는 현재 세계적으로 100만 명 정도가 된다. 인도에서부터 설산을 넘어와 마르빠, 미라래빠, 감뽀빠, 뒤슘켄빠 그리고 시간을 따라 17대까지 이어져온 구루지들의 이야기가 바위에서 그대로 들리는 듯하다. 남자로 살아 이 길의 이야기를 듣고, 이 길을 찾아 올라서, 이렇게 순례자들에 섞여 이곳까지 왔음에 감사한다. 기도, 명상, 걷기로만 이어지는 신의 선물 같은 날들. 남은 평생을 이렇게 산다면 얼마나 좋겠는가. 코끝이 다 매워진다.

바람이 슬쩍 뺨을 어루만진다. 강 린포체(카일라스) 곳곳. 쎌숑 평원의 바람, 마하깔라 앞에서의 바람, 될마라의 바람들이 모두 다르지 않았던가. 이 자리 바람은 유독 평화롭고 더불어 우호적이라 상의 지퍼를 슬쩍 내린다. 부드러운 촉감이 이내 가슴 안으로 찾아들듯 스며오고 발밑의 가녀린 노란 꽃들이 흔들거리며 칸돌마(다끼니) 춤을 춘다.

오체투지 20일이 지난 아낙 순례자. 티베트에서는 이들에게 일정액의 보시를 하는 것이 예의며 의무다. 일상을 접고 오로지 순례를 하는 이들의 생활을 여유있는 사람이 책임진다는 의미다. 길에서 그들을 만난다면 부디 그대로 지나치지 말지어다.

32

좋은 동굴이로다, 주툴푹 곰빠

高嶽峨巖 智人所居 높은 산의 험준한 바위는 지혜로운 사람이 거처하는 곳이고
碧松深谷 行者所棲 푸른 소나무의 깊은 계곡은 수행하는 자가 머무는 곳이니
飢餐木果 慰其飢腸 배고프면 나무 열매를 먹어 주린 창자를 달래고
渴飮流水 息其渴情 목마르면 흐르는 물을 마셔 갈증 나는 마음을 쉬지어다.

—원효스님

기적의 동굴이라는 이름은 이렇게 생겼다

남쪽으로 이어지는 길을 따라 내려오면 우측 서쪽 언덕에 작은 사원이 하나 보인다. 주툴푹Zuthul phuk 사원으로 사원 주변의 아래쪽으로는 몇 동의 건물이 신축되고 있다. 보통 강 린포체〔카일라스〕 순례 중 이틀째 밤은 이 사원 근처에서 보내는 것으로 되어 있다.

주툴푹 사원은 주툴Zuthul에 푹phuk이 더해진 단어다. 주툴은 기적 혹은 마술이라는 말이며 푹은 동굴이기에 기적의 동굴 사원이다.

여기서 기적을 행한 사람은 다름 아닌 미라래빠며 미라래빠가 기적을 보여준 상대는 역시 뵌교의 사제다. 미라래빠는 파드마쌈바바가 뵌교를 제압하기 시작한 이후 미처 정리되지 못한 서부 티베트의 뵌교를 다시 평정한 것으로 보인다. 즉 파드마쌈바바가 티베트에 들어온 시기와 미라래빠가 왕

성하게 활동한 시기와는 300년 정도 차이가 나는바, 파드마쌈바바 이후 랑달마Langdarma 왕 시기에 다시 부흥했다가 주저앉은 뵌교 세력은 이때까지 강 린포체[카일라스] 일대를 포함해서 서쪽 티베트에서 여전히 힘을 발휘했던 모양이다. 미라래빠의 전기에는 뵌교도와의 충돌이 여럿 거론되고 있다.

사원은 단출하고 아담하다. 계단으로 올라서면서 마음이 편안해지고 몸의 근육이 이완되며 좋은 자리구나 느껴진다. 사원 입구 좌측은 순례자들이 방부房付를 들이는 숙박시설이 있고 우측에는 사원의 부속건물이 자리 잡았다. 차곡차곡 쌓은 돌들에서 풍기는 연륜으로 보아 역시 문화혁명 파괴 이후 다시 만들어진 것이다.

불단 위에는 사원 설립자 직뗀 숨곤Jigten Sumgon상과 파드마쌈바바[구루 린포체], 그리고 붓다상을 볼 수 있다. 이 사원 내부에 제일 중요한 것은 불상이 아니라 사원이 우측에 품고 있는 동굴로 사원은 아예 동굴을 안에 넣고 지어 올렸다. 불단과 동굴 입구 사이에는 삐죽하게 돌출한 부분을 특별히 노르부 테르브Ngodrub Terbur라 부른다. 우리나라의 놀부를 연상시키는 노르부는 재화가 많다는 뜻으로 티베트 문화권에서 이 이름을 가진 마을이나 사람들이 제법 많다. 테르브는 재능, 재주를 말하니 의미를 쉬이 알 수 있으며, 바로 미라래빠의 강복이 서린 부분이다.

여기서 허리를 구부려야 간신히 들어갈 수 있는, 앉은키보다 조금 높은 높이의 나지막한 동굴이 바로 주툴푹이다. 어둠 속에서 사원을 지키던 티베트인의 이야기를 따라 손을 더듬어보자 손자국과 머리의 정수리자국이 있다. 미라래빠가 머리로 받치고 손으로 들어 올렸다는 그 자리에 내 머리를 대고 손가락을 넣어 바위천장을 슬며시 밀어 올려본다.

뵌교 사제는 미라래빠와 몇 번 겨루었지만 이미 연거푸 패배한 상태. 다시 붙어보자고 소리치고는 뵌의 예법으로 강 린포체(카일라스)를 시계 반대 방향으로 돌았고, 미라래빠는 불교의 방식을 따라 우측돌이 요잡으로 또다시 돌았다. 그러다가 두 사람은 현재 주툴푹 곰빠가 있는 자리에서 마주쳤다. 때마침 비가 억수로 쏟아지기 시작했다. 보통 쏟아지는 것이 아니었다.

미라래빠는 외쳤다.

"피신처를 급히 만들어야겠소! 당장 집을 하나 지어야겠으니 그대는 바닥의 기초석을 놓겠소, 아니면 지붕을 덮겠소?"

뵌 사제는 대답했다.

"나는 지붕을 덮겠소. 당신은 기초석을 놓도록 하십시오."

이에 미라래빠는 세 사람 높이의 어마어마하게 큰 바윗돌을 신통력으로 움직여 기초석으로 까는 동안 뵌 사제는 상대적으로 크기가 작은 어린애키 높이 정도의 바윗돌을 한 개 쪼개어냈다. 미라래빠가 이를 보고 항마降魔무드라를 짓자 뵌사제 바위가 두 조각으로 갈라졌다.

미라래빠는 사제에게 이야기했다.

"자, 이제 지붕 덮개 석판石板을 가져오시오."

지붕을 만들려고 바위를 하나 준비했는데, 미라래빠가 두 조각 내버리지 않았는가. 뵌교 사제 나로뵌충은 말한다.

"당신이 이미 깨뜨리지 않았소?"

"허어, 우리는 시합을 하기 때문에 그렇게 한 것이었소. 자, 이번에는 다른 바윗돌을 준비하시오. 깨뜨리지 않을 테니."

미라래빠가 상대를 슬슬 가지고 노는 것이 보인다. 뵌 사제가 다른 바윗돌을 쪼개어 들어 올리려 하자 미라래빠는 이번에는 누르는 모습의 압박 무드라를 취했다. 바위가 움직이지 않으니 뵌 사제는 당황할 수밖에.

그는 옮기는 일을 중단하고 변명했다.

"나는 이미 석판을 준비했으니 운반은 당신이 할 일이오."

미라래빠는 대답했다.

"내 임무는 기초석을 놓는 일이고, 그대의 임무는 지붕의 너와〔石板〕를 덮는 일이니 이제 돌을 들어 이쪽으로 옮기시오."

뵌 사제는 얼굴이 벌겋게 달아오르고 눈까지 충혈될 정도로 젖 먹은 힘을 모두 발휘했으나 웬걸, 바윗돌은 한 치도 움직이지 않았다.

미라래빠는 이에 말하였다.

"나는 일반적인 성취뿐만 아니라 궁극적인 성취까지 이룩한 수행자라오. 그러므로 나의 신통력은 그대와 다른 것이오. 그대가 비록 일반적인 성취를 이루었다 할지라도 나와는 견줄 수 없소. 내가 만약 항마 무드라를 취한다면 그대는 바윗돌조차 쪼갤 수 없을 것이오. 하지만 처음부터 그렇게 하지 않은 것은 구경하는 존재들〔天神〕을 즐겁게 하려는 것이었소. 자, 나의 능력을 보시오."

미라래빠는 한 손으로 큰 바위를 덥석 들어 올려 자신의 어깨 위에 놓았다. 그러자 그의 손가락이 바위에 찍혔다. 서 있는 바위 위에도 역시 발자국이 찍혔다. 미라래빠가 바위덩이를 다시 들어 머리 위에 올리자 손가락과

육신은 우주에서 종적을 감추고, 어묵동정만이 뭇 이야기로 남겨진 미라래빠 동굴 사원. 단출한 사원은 뛰어난 스승의 명성을 듣고 찾아온 사람들로 넘쳐났다고 한다. 수많은 순례자들이 절의 좌측에 자리 잡은 숙박시설에서 강 린포체[카일라스] 순례의 이틀 밤을 보내며 꿈속에서나마 가피를 받기를 기원했을 터, 남아 있는 근본 스승의 유향을 아낌없이 받아들였으리라. 저잣거리의 악다구니를 잊고 큰 스승의 축복을 기다렸으리라.

머리 자국이 또다시 바위에 생겼다.

뵌 사제는 넋이 빠진 채 자신의 패배를 시인했다. 이때 일어난 이런 일들이 기적이고, 기적 흔적이 바로 동굴의 천장 부근에 남겨져 있다. 훗날 이 동굴은 두 사람 사이에서 일어난 사연을 기억하는 사람들에 의해 '기적의 동굴' 로 널리 알려지게 되었다.

그러나 또 다른 이야기는 오로지 미라래빠 혼자만의 일이다. 즉 미라래빠가 이 동굴을 보고 수행하기 좋은 곳으로 생각했으나 천장이 지나치게 낮았다 한다. 밑으로 들어가 머리와 손을 이용해 들어 올렸고 그 흔적이 바위의 아랫부분에 남았다. 그런데 겨울이 오자 동굴이 너무 높아 찬바람이 마구 들어오는 게 아닌가. 이번에는 위로 올라가 눌러서 지금의 크기가 되었단다.

바위동굴은 보물 중에 보물이다

기적은 기적이라고 치고 계곡 동쪽 언덕으로 적당히 올라앉아 자리 잡은 동굴 위치는 참 좋아 보인다. 그 시절 어떤 건물도 없었을 터, 오직 동굴만 있었으니 미라래빠가 동굴에 처음 방부를 들인 그날도 아침 햇살이 찾아들고 시선 앞으로는 종추가 푸른빛으로 좌측에서 우측으로 평화롭게 흘러갔으리라. 종추까지는 멀지 않고 가깝지도 않아 물을 얻기도 쉬웠겠다. 사이로는 적당한 평지가 있어 농지로 사용하기 적당하고 산 중턱에는 야생초들이 자라나 미라래빠의 쐐기풀도 쉬이 자랄 수 있는 적당히 습기를 머금은 초계草界가 형성되어 있으니 토굴로는 그만이었으리라.

본래 은둔지로 빼어난 위치는 앞에 호수가 있거나 이렇게 시냇물이 있어야 하고, 뒤로는 바위가 있는 언덕 비탈이 필요하다. 해가 뜨고 지는 것이 보여야 하며 물과 바람소리는 적당히 멀어야 된다. 뒤에 언덕이 있어야 하는 이유는 그래야 사람이 다니는 길이 없기 때문이며, 물소리가 멀어야 하는 것은 집중을 흔들 수 있는 요소를 멀리하기 위함이다. 또한 수행 중에 필요한 땔감을 모으거나, 물을 긷거나, 채소를 얻기에 지나치게 불편해서는 안 된다.

미라래빠는 스승 마르빠를 떠나 고향으로 돌아가 동굴에서 한동안 수행하게 된다. 어느 날, 사슴 한 마리를 잡고 돌아가던 사냥꾼들이 굴 앞을 지나가다가 우연히 미라래빠의 모습을 본다. 그들은 말을 붙였으나 미라래빠는 깊은 명상에 들어 있었기에 그들 이야기를 들을 수 없었다. 결국 시간이 지나면서 서로의 대화가 시작되었다.

사냥꾼.

"당신이 미라래빠인가요?"

"그렇소."

"당신은 오랫동안 이 '바위동굴' 안에서 살고 있는데 '바위' 한테 배울 어떤 덕이라도 있소?"

이런 질문은 흔하겠다. 괴이한 모습으로 바위굴 속에 앉아 있으니 빈정거림도 함께 녹아 있다. 지금이라고 이렇지 않을까. 등산로 근처 동굴에 어떤 도인이 앉아있다면 산을 오르는 철없는 사람들은 그 모습을 보고 혀를 끌끌 차지 않겠는가.

아랑곳하겠는가, 미라래빠가.

그는 노래한다.

주 스승께서는 축복을 이 '바위동굴'에 내리셨네.

그대는 이 '바위동굴'의 공덕을 모르는가.

이 바위로 말하자면 우뚝 솟은 푸른 산 하늘 숲 바위라네.

여기 하늘 숲 궁전.

위로는 뭉게구름 피어나고

아래로는 푸른 강물 흐르고

뒤로는 붉은 바위 하늘 숲 버티고 있으며

앞으로는 아름다운 꽃에 덮인 푸른 초원 펼쳐져 있네.

여기 맹수들의 포효하는 소리 그치지 않고

새들의 왕 독수리 하늘 높이 날아오르며

때에 맞춰 알맞게 비가 내린다네.

벌들은 끊임없이 붕붕 날고

사슴과 야생마의 어미와 새끼가 서로를 희롱하고

온갖 새들이 지지배배 노래하네.

신성한 뇌조들이 아름다운 가락 노래하고

'바위동굴' 사이로 똑똑 떨어지는 샘물, 즐거운 음악을 작곡하니

여기 이 '바위'가 만드는 사계절의 아름다움은

마음의 친구가 되어 그 공덕 이루 다 말할 수 없네.

이 노래는 고향 네남 지방에서 부른 노래지만 평소 그가 바위동굴을 얼마나 극진하게 생각했는지 모조리 녹아 있다. 더구나 기적의 동굴 앞에서 보니 이 동굴 역시 가치가 드러난다. 미라래빠가 동굴을 보는 눈썰미란!

미라래빠는 정말 노래를 많이 했다. 사냥꾼뿐인가, 뵌교의 사제 나로뵌충, 천녀, 지방 토속신, 사람은 물론 신적인 존재들까지 그의 노래를 들었을 정도니.

우리나라 가수 누가 앨범 20집을 냈고 누군가 작사 작곡을 수백 곡을 했다 자랑하지만, 아서라, 앞으로도 미라래빠를 이길 사람은 아주 없으리라. 더구나 질을 따져본다고 치자. 평생 노래 부르는 가수가 있다 해도 가수가 한 생을 바쳐 부른다는 노래 주제라는 것은 흘러가버리는 것, 사랑, 이별, 애환, 후회 타령뿐이 아니겠는가. 노래에서 노래를 벗어나지 못하니 노래로 해탈에 이르렀다는 이야기는 애초 들어보지 못했음이라. 미라래빠 노래는 노래로서 노래를 벗어나는 자리에 있지 않은가.

사원 일대는 이교도와 맹렬한 대결을 치렀던 기적의 이야기보다는 도리어 인간적으로 푸근하고 온화한 기운이 스며 있다. 그렇게 뵌교를 다스린 동굴의 원로 미라래빠는 이곳 동굴에서 바윗돌을 베개 삼고, 돌덩이를 좌복 삼아 독살이하는 자신을 더욱 갈고 닦았으리라. 큰 스승의 향이 부드럽게 남아 있어 오랜 시간이 흐른 후에 찾아온 한 순례자의 마음은 향기에 물든

사원 내부의 우측이 바로 미라래빠가 들어앉았던 동굴이다. 사원은 이 동굴을 품은 채 지어졌다. 탈속의 기운이 기적의 기운보다 앞서 나오니 노구의 미라래빠가 아직 동굴을 지키고 있는 기분이 든다.

다. 미라래빠 이후 이 동굴에서 수많은 여법구루들이 배출되었기에 한동안 중국인들에 의해 종교행위가 멈추었다 해도 향기가 여전히 진하다.

동굴만 보아도 발심이 되어 이곳에 머물며 한 철을 살고프다. 명상하다가 시냇물까지 내려가고 다시 올라와 명상하다가 채마밭을 손보고……. 그러나 내 바짓가랑이를 붙잡는 많은 인연들. 내가 삶의 본질에 대해 제 정신을 차린 후에는 너무 멀리 와버린 후였으니 '이끌기' 보다는 '따라가는' 내 신세. 그나마 원효스님 말씀을 위안으로 삼는다.

人誰不欲 歸山修道 사람 가운데 그 어느 누가 산에 가서 수도하고 싶지 않은 사람이 있겠냐마는

而爲不進 愛欲所纏 그러지 못하는 것은 애욕에 얽힌바 때문이니라

然而不歸 山藪修心 그러나 깊은 산으로 돌아가 마음을 닦지 못하더라도

隨自身力 不捨善行 자신의 힘에 따라 착한 것을 행하는 일은 버리지 마라.

이런 동굴에서 수행할 수 있는 큰 복이 내게 있겠는가. 다음에 다시 온다면 동굴 앞 공터에 천막을 치고 며칠 야영할 후보지로 마음에 넣어 둔다. 사원을 지키는 분에게 곡진하게 부탁드려 주툴풍 안에서 다만 삼십분이라도 결가부좌로 앉아 '바위' 에게 덕을 배울 수 있도록.

사원을 지나 돌아내려가는 길에 아쉬움이 쌓여 슬며시 뒤돌아본다. 그러나 그런 미련을 버리라는 듯 사원 모습은 얼마가지도 않았는데 곧바로 산모롱이 좌측 능선에 묻혀버린다.

33

춤추고 노래하자, 칸도도리

무엇을 노래하는 마음이라 하는가?
노래하는 사람처럼 처음에는 남을 따라 배워서 나중에야 남에게 들려주는 것을 말한다.
무엇을 춤추는 마음이라 하는가?
춤추는 광대처럼 여러 가지 법을 수행하여 더욱 향상함으로써 갖가지 신통변화를 나타내려는 것을 말한다.

—「입진언문주심품入眞言文柱心品」

춤과 노래를 금하지 않는다

어려운 길은 다 지나갔다. 이제 완만한 경사를 따라, 여기저기 놓여 있는 마니석들을 천천히 바라보다가, 마니석 밑으로는 어떤 꽃들이 피었나, 발목과 무릎 근처를 살피면서 놀면서 간다. 오른쪽으로는 제법 그럴 듯한 초지가 나타나고 꽃들이 옹기종기 피어났다. 콧노래라도 부르고 싶은 마음이다.

이 일대는 본디 칸도(다까)들이 춤추고 노래한 곳이기에 이런 이름이 붙었으며 차차 근처의 수행자들이 이곳으로 나와 쉬면서 붓다를 위해 춤을 추고 노래를 부르는 그야말로 어산작법魚山作法의 자리가 되었다 한다. 수행으로 드러난 통찰을 노래하고 체험을 통해 얻은 것을 다시 찬탄한 후 그들은 다시 동굴로 돌아갔다 한다.

칸도도라는 하늘을 날아다니는 칸도[다까], 춤[舞]이라는 의미의 도, 제한된 특정 장소[處]를 말하는 라가 합쳐진 단어다.

팔재계八齋戒라 하여 지켜야 하는 여덟 가지 계행이 있다.

1. 죽이지 말 것
2. 훔치지 말 것
3. 삿된 음행을 말 것
4. 망언을 말 것
5. 술 마시지 말 것
6. 분수에 지난 화려한 자리에 처하지 말 것
7. 몸에 장식품을 붙이지 말고, 노래를 부르고 춤추지 말며, 또한 가서 보지도 말 것
8. 정오가 지나면 먹지 말 것.

보통 다섯 가지 약속[五戒]에 더해 세 가지가 추가된 것으로 이 중에 일곱 번째 계는 춤추고, 노래하고, 음악을 연주하거나 듣는 것을 금지한다는 이야기다. 그러나 티베트불교에서는 적법하게 한다면 춤추고 노래하는 것은 물론, 춤추는 마음[舞心], 그리고 노래하는 마음[歌詠心]을 바라보는 일마저도 수행이 되며, 꽃, 노래, 춤, 향, 더불어 가리개는 공양물이 될 수 있다고 한다. 한 발 더 나가 금강계 만다라는 이렇게 해석된다.

성신회만다라가 우리에게 주는 메시지는 능현能現-眞理 · 體인 대일여래와 소현

所現-現象 · 相인 사불四佛 사이에 끊임없이 행해지고 있는 입아아입入我我入의 관계, 말하자면 상호간에 벌어지고 있는 예배禮拜와 공양供養의 모습이며, 그것은 다음과 같이 간략히 설명할 수 있다.

1. 중생들의 대변자인 사불四佛이 사바라밀보살四波羅蜜菩薩〔金剛 · 寶 · 法 · 業〕을 통해 우주의 주인이신 대일여래께 각종 공양물을 드린다.

2. 사불四佛을 통해 중생들의 공양을 받으신 대일여래께서는 사공양녀보살四供養女菩薩〔嬉 · 歌 · 舞〕을 통하여 각종 공양供養〔기쁨 · 복덕 · 노래 · 춤〕을 내리신다.

3. 감사를 드리기 위해 중생들은 또다시 외사공양보살外四供養菩薩〔香 · 花 · 燈 · 塗〕을 통해 대일여래께 공양供養〔香 · 花 · 燈 · 개금 및 각종 장엄〕을 드린다.

4. 중생의 공양을 받으신 대일여래께서는 또다시 사섭보살四攝菩薩〔鉤 · 索 · 鎖 · 鈴〕을 통해 중생을 두루두루(잘못된 곳 또는 마구니의 길로 빠지지 않도록 그때그때마다 갈고리 · 새끼줄 · 자물쇠 · 방울 등으로)보호해 주신다.

—전동혁의 『밀교학 실천행』 중에서

전문적인 용어로 채워진 이 글의 내용을 쉽게 풀자면, 중생의 대변자인 네 붓다가 있고, 그 중심에는 대일여래가 있다는 이야기로 모두 다섯 붓다〔五佛〕다. 그런데 우리는 직접 중앙에 있는 대일여래에게 공양을 올리는 것이 아니라 네 붓다를 통해 올린다는 것.

그러면 무엇인가를 받은 대일여래가 가만히 있겠는가. 다시금 네 붓다를 통해 중생에게 무엇인가 내려주는데, 내려주는 항목에 기쁨, 복덕, 노래 그리고 춤이 들어있다.

이쯤 되면 칸도도라의 위치가 어떤 곳인지 감을 잡을 수 있다. 티베트불교의 동굴 수행의 요기들이 지극한 마음으로 수행을 하고, 이곳에 나와 대일여래가 내려주는 선물을 받아 지극한 기쁨 속에서 마치 칸도[다까]처럼 춤을 추고 게송을 읊는 자리가 아니냐.

경설을 보자면 불희이간不喜離間 불락이간不樂離間이라는 이야기가 있다. 같은 이간을 행하지 않음을 두고도 하나는 희喜고 하나는 낙樂이다. 즉 두 가지 기쁨이 있어 하나는 희喜 바깥으로 환희용약歡喜勇躍 몸으로 표현이 되며, 다른 하나 낙樂은 열락悅樂으로 마음 안에서 일어나는 크나큰 기쁨이며 여기서, 춤과 노래는 희락이 합쳐진 것이 되니 의미가 큼직하다. 하물며 이것이 수행 중에 터져 나왔으니 깊이와 넓이가 오죽할까.

노래의 바다

기분이 좋으면 콧노래가 나온다. 법열에 이르러도 그렇게 터져 나온다. 구루지들은 이때 노래를 불렀다. 특히 깨달음에 도달하여 부르는 음률을 도하dohas 혹은 바즈라도하vajra dohas라고 불렀으며 이 일대가 바로 그런 노래로 적셔진 지역이다.

그렇다면 왜 이런 노래를 부르고, 언제 부르며, 어떻게 부르고, 어떤 자세로 부르며, 노래에는 어떤 종류가 있는지 알아보는 일도 재미있다. 도하는 인도에서 불교를 가지고 와 초조가 된 마르빠가 인도인 스승 중에 하나인 마이뜨리빠에게 배워온 것으로 마르빠의 제자 미라래빠는 티베트 역사상 최고 최다의 도하를 지은 인물이다. 도하는 딴뜨라 수행의 하나로 현재까지 이어져와 딴뜨라 학교 고학년에서는 일정기간 동안 매일 도하를 짓는 법을 배운다.

일단 왜 부르냐?

노래를 부르면 방해물이 사라지며 자신의 이담[守護尊]들이 모여 마치 연꽃이 핀 연못 바깥을 빙 둘러싸듯이 보호해준다고 한다. 더불어 욕망과 집착에서 벗어나 있는 그에게 행복과 번영이 쏟아진단다.

언제 부르나?

붓다의 탄생, 출가, 성도, 열반의 날, 법통의 시조와 스승의 탄생일과 열반일, 관정의식을 할 때, 집중 명상을 시작하기 전, 등등.

어떻게 부르나?

가능하다면 옷을 제대로 갖춰 입고, 관정을 받았으면 모자를 쓰고, 남낭[바이로차나 대일여래]의 고귀한 일곱 가지 동작을 취한다.

어떻게 발음하나?

스승에게 배운 방법으로 흔들림 없이 해야 한다. 이렇게 해야 노래를 부르는 사람이나 듣는 사람의 마음이 진리로 향하게 되며 다르마라는 큰 선물을 안겨주는 것이다.

강 린포체[카일라스] 일주로 중에서 가장 여유로운 풍경이 펼쳐지는 칸도도라 부근. 길을 지나는 사람도 콧노래를 부르고 싶은 편안한 지역이다. 구루들이 한껏 뽑았을 깨달음의 노래를 지금 이 자리에 뿌리내린 야생화들의 옛부모들이 반가이 들었으리라.

위의 이야기는 바즈라도하가 풍부한 까규바에서 전통적으로 가르치는 이야기로 쇼갈 린포체가 분류했다. 그러나 이것은 훗날 승단의 체계가 잡히면서 일어난 규범이며 얇은 옷 하나로 살아가던 동굴 대덕들에게 꼭 적용되었던 기준은 아니리라.

까규바에서는 큰 스승들의 노래에 대해 아래와 같이 간단하고 총체적으로 설명한다. 각 스승의 레파토리에 대한 핵심해설이다.

띨로빠, 총체적 지혜의 전이轉移.

나로빠, 모든 사물의 본성은 똑같은 한 맛.

마르빠, 의식이 일어남과 사라짐은 하나.

미라래빠, 마음과 프라나prana가 분리될 수 없음을.

감뽀빠, 삼매의 지극한 평온감.

이 일대는 이 자리에서 수행했던 많은 까규바 수행자들의 절창絶唱이 스며 있으리라. 스승들이 이렇게 노래할 때 칸도〔다까〕들이 눈에 보이지 않게 함께 모여 노래를 받아내고 수행자들의 진전을 기뻐하며 더불어 춤을 추었으리라.

귀를 기울여 시간의 저편에서 낡은 무명옷을 입었거나 의관을 갖추고 나온 구루지들의 게송에 귀를 기울여본다. 그들의 노래는 바로 선지식들의 고귀한 마음과 내 마음이 만나는 지점. 그들의 가르침은 흘러 흘러와 이제 자주 나약해지려는 현상계에 거주하는 수행자에게 용기를 준다.

그러나 이런 도하는 수행 중은 물론 열반을 향해 가면서 부르기도 한다.

중국이 티베트를 점령하고 난 후 600만 명의 티베트 사람 중에 100만

명이 죽었으니 어마어마한 숫자로 이들 중에 중국인 손에 집중적으로 그리고 무자비하게 죽어간 수행자들의 예는 입에 담을 수조차 없을 정도다.

티베트 동부의 캄 지방에 쇼갈 린포체의 스승 켄포스님이 계셨다. 중국인들이 그를 가만히 놓아두겠는가. 쇼갈 린포체에 의하면 중국인들은 그를 '징벌하러 가겠다' 고 미리 공언했다. 징벌이라는 말은 고문을 죽도록 하고 그 후에 죽인다는 말과 다르지 않음을 사람들은 알고 있었다. 중국 군인들은 나이가 들어 걷지 못하는 그를 체포해서 주둔지로 끌고 갔다.

그런데 켄포는 끌려가는 중에 저절로 솟아나는 환희에 기쁨 가득 찬 표정으로 노래를 불렀다 하니 바로 도하다. 끌려가는 군인들은 침묵했고 함께 잡혀가는 스님들은 눈물을 뿌리며 흐느꼈다 한다.

곁에 없었던 쇼갈 린포체는 그 도하가 14세기의 스승 롱첸파의 '청정한 광휘' 의 예를 들어 이랬을 것이라 읊었다.

죽음을 맞는 내 환희는 더 한층, 더 한층 크다네.

바다에서 큰 재산을 모으는 무역업자의 기쁨보다도,

전쟁에서 승리한 신들의 우두머리보다도,

완벽하게 황홀경에 들어선 성인들보다도 크다네.

떠날 시간이 되자 길을 나서는 여행자와 마찬가지로

나는 이 세상에 더 이상 머물지 않으리니

죽음을 넘어선 위대한 축복의 성채로 가겠노라.

지금 나의 이 삶은 끝나가고 업도 다하고

부근에는 맨몽지역으로 만뜨라를 새긴 돌들이 무수하게 늘어져 있다. 어느 신심 깊은 사람이 석공에게 부탁하여 진언을 새겨 이 자리에 옮겼을까. 일대에 울려 퍼지는 옴마니밧메훔. 돌마다 새겨진 만뜨라 교향악.

기도로 불러올 수 있는 모든 이익도 없어져

지상의 모든 일 마쳐지니, 이 생의 전람회는 끝나누나.

한순간에 내 존재의 바로 그 정수를 알아차려

바르도 상태의 순수하고 광대한 영역에서

나는 이제 근원적 완성의 뜨락에 자리를 잡겠노라.

아, 멋지다.

사는 것도 그렇게 살고 싶고, 죽는 것도 저렇게 죽고 싶구나.

그렇게 죽은 스승 앞에서 잘 가셨다, 노래하며 춤추고 싶구나.

◉ 34

이름이 싱겁다, 탕세르 탕마르

悲生死之浮休兮	삶과 죽음 부질없음 슬퍼하며
超塵寰以遠徂	티끌세상 벗어나 먼 길 떠났네.
路上界之仙府兮	상계의 선부까지 올라가서는
俯下土之積蘇	하토의 풀덤불을 굽어보았지
過瑤池以悵忘歸兮	요지를 지나서는 돌아옴도 잊었는데
王母鉥余以啓途	왕모가 날 이끌고 길을 인도하였네.

—심의沈義의 「반도부蟠桃賦」 중에서

보다 가치 있는 곳은 동쪽 동굴

● ● ●

탕은 좁고 위험한 경사길이며 세르는 황금 혹은 노란색, 마르는 붉은 색이다. 탕세르 탕마르라는 지명은 황토색과 붉은색의 급경사로를 말한다.

이곳의 길은 이름처럼 그렇게 급한 경사면은 아니지만 아래쪽 쌀뜨물색의 시냇물이 흐르는 람추까지는 제법 높은 낭떠러지다. 그러나 이것도 높이를 보자면 히말라야 여기저기를 다닌 사람에게는 싱겁기 짝이 없는 이름이다.

티베트를 여행하면서 위험하다고 느낀 적은 단 한 번도 없었다. 네팔, 파키스탄 그리고 인도 히말라야의 길들은 일부 구간에서 자신도 모르게 숨죽일 정도로 아찔한 반면, 티베트는 완만으로 분류될 정도의 오르막이거나

동서남북과 중앙, 이렇게 다섯 붓다를 나눈다. 이들은 역할이 다르고 표현되는 색도 다른 오불이다. 결국 하나의 다른 표현이지만 중생의 근기와 요구에 따라 나뉜다. 탕세르 탕마르에서 일즉다一卽多 다즉일多卽一 한 번쯤 살펴볼 필요가 있다.

내리막이었다. 더 높을 곳이 없는 고원지대의 특징이었으니 덕분에 여행하는 동안 다른 생각의 방해 없이 다만 만뜨라를 진중하게 외울 수 있었다.

티베트에서 색깔은 그냥 색이 아니라 뜻을 전달하는 도구다. 대표적으로 다섯 가지 색이 있으며 하얀색, 노란색, 붉은색, 푸른색 그리고 녹색이다. 그러나 찬다마하로사나 딴뜨라Chandamaha Tantra에서는 청색이 빠지고 대신 검은색이 들어가 있고 각각을 이렇게 설명한다.

검은색: 살해, 분노

하얀색: 휴식, 명상

노란색: 제지制止, 조성造成

붉은색: 조복, 소환

녹색: 귀신 추방

푸른색까지 포함하면 모두 여섯 색이 중요한 의미를 갖는다.

백색은 불교설화에 따르자면 마야부인의 태몽에 하얀 코끼리가 등장하는바 순수, 무구의 상징이다.

검은색은 분노와 무지와 같은 부정적 의미와 그것을 깨부수는 분명함, 각성의 긍정적인 뜻을 품는다.

푸른색은 진실, 헌신, 순수 등의 의미다.

붉은색은 활발한 명상상태를 나타낸다.

노란색은 붓다가 입었던 가사의 색으로 세속으로부터의 벗어남, 안정을 의미한다.

녹색은 조화와 균형, 젊음과 활기를 표현한다.

티베트불교에서 색에 대한 설명은 조금씩 차이가 있으나 티베트불교에서 추앙 받는 본초오불本初五佛의 색을 위의 의미와 겹쳐보면 작은 재미가 있다.

남낭mannang[대일여래Vairochana]: 하얀색. 중앙

걜와 린중Gyalwa Rinjung[보생여래Ratna sambhava]: 노란색. 남쪽.

미교빠mikyopa[아촉여래Akshobhya]: 푸른색. 동쪽.

외빡메 혹은 째빡메Opame 혹은 tsepame〔아미타여래Amitabha〕: 붉은색. 서쪽.

돈요둡빠Donyo Druppa〔불공성취여래Amoghasiddhi〕: 녹색 몸. 북쪽

더불어 이런 색은 명상에 중요하게 사용된다. 하얀색은 무지를 지혜로, 노란색은 자만을 지혜로, 푸른색은 분노를 지혜로, 붉은색은 집착을 지혜로, 그리고 녹색은 질시를 지혜로 변화시키는 도구로 쓰인다. 이런 생각은 티베트불교 미술의 근간이 되어 있다. 더불어 이런저런 색의 붓다들을 본다면 세상의 모든 색은 불성의 상징이 아닌 것이 없다.

탕세르 탕마르, 이 지명은 색을 나타내지만 이곳 가치는 강의 건너편, 즉 동쪽에 있다. 사람들이 어떤 곳을 설명할 때 눈에 잘 뜨이는 곳을 이야기함으로써 알아차리도록 하는 경우가 있다. '알록달록한 대문이 있는데, 그 반대편을 보면 언덕이 하나 있을 거야, 바로 거기야' 이런 식이다. 탕세르 탕마르 건너편에는 될마라를 넘어섬으로써 강 린포체〔카일라스〕 꼬라의 문을 최초로 연 괴창빠스님의 명상처였던 바즈라 바라히Vajra Varahi 동굴이 있다. 괴창빠스님이 강 린포체〔카일라스〕 동쪽 계곡을 따라 내려와 그냥 신속하게 빠져나갔을까. 다시 한 철 무던히도 정진수행을 했고 그 자리는 차차 스승의 행장을 꿰뚫은 까규바의 둑빠Drukpa 계열 제자들의 명상처로 발전했으며 시간이 지나면서 마하깔라 성지로 자리 잡았다.

괴창빠스님의 정식 이름은 괴창빠 곤포 도제. 이름 안에 곤포, 즉 마하깔라가 들어있는 것으로 보아 곤포〔마하깔라〕와 인연이 깊은 것을 알 수 있다. 까마귀로 변한 마하깔라가 길을 안내했을 정도다.

색이 서로 다른 바위가 섞이는 부분을 쉬이 여기지 않았다. 심상화가 주된 수행 중에 하나인 티베트불교에서는 색이란 순야타〔공〕의 다양한 현현이기에 중요시한다. 이 부근에 도착하면 강변 너머를 바라보는 일이 더 중요하다.

뛰어난 요기 수행자 챵파 가이어의 상수제자였던 그는 까규바 전통의 지름길을 따라 최고 상태인 창나 도제〔집금강신〕에 도달했다.

그가 금강체험을 하고 부른 노래〔도하, Dohas〕에는 이런 부분이 있다.

나, 다르마빨라 마하깔라 마하깔리 및 그 형제 자매에게 기도합니다.

일어나는 현상은 다 속임수

상대적 진리의 이 세계는 마술상자.

내 뒤에 있는 '바위'는 있는 그대로를 비추어주는 거울

마하깔라가 그의 이담idam이었으며, 그 자신이 바위로 만들어진 동굴에서 세상을 바르게 보는 힘을 키웠다는 이야기가 녹아 있다.

그 후 이곳은 한때 닝마빠의 사원이 있었다고 알려졌으나 1941년 아리 지역을 침략한 무슬림 군대에 의해 완벽히 파괴되었고 앞으로 겔룩빠에서 사원을 건립할 계획을 가지고 있으니 이런저런 역사가 깃든 지역이다.

그곳을 바라보는 지형에는 겔룩빠를 상징하는 노란색과 닝마빠의 붉은색 바위가 있으니 참 묘한 기분이 든다. 그렇게 서로 섞이면서 어울리면서 사는 게 인간사이다.

불교란 이런 것이다

● ● ●

이제 강 린포체[카일라스]의 꼬라가 끝나간다. 내내 행복하고 축복 받은 시간이었다. 몇 시간 걸어가면 원래 출발지였던 달첸에 도착할 예정이다.

강 린포체[카일라스]는 나를 15년 동안 오지 못하도록 막아섰다. 그 이유는 내가 아직 스스로의 세상을 찾지 못했기 때문이었으리라. 이제 강 린포체[카일라스]는 나를 불렀고 며칠 동안 산 주변에 펼쳐진 법문을 빼근하게 새

겨들었으니, 걸어가면서 가슴속에서 뜨거운 것이 울컥 올라온다.

까담파의 스승들은 외도들 사이에서 방황하는 수행자들을 보며 이렇게 한탄했다 한다.

"저 늙은 수행자, 아직 불자佛者들 속에도 끼지 못했구나."

나는 이제 그 이야기를 들을 이유가 차차 없어진다. 15년 전에는 힌두교도로 쉬바신의 절대성지 강 린포체〔카일라스〕의 순례를 꿈꾸었는데 세월이 이제 나를 설익은 티베트불교도로 순례를 마치도록 도와주고 있다.

철든 후에 살림살이 참 좋아졌기에 나는 나를 응원한다.

"잘하고 있어. 그렇게 하는 거야."

사실 지금부터가 어려운 길이다. 내가 가진 난치병에 대한 힌두 명의, 겔룩 명의, 까규 명의의 처방전이 아무리 많으면 뭐하는가, 죽음에 임박해서 움켜쥔 처방전을 보며 그동안의 어리석음으로 슬피 울겠는가, 투약에 의한 깊은 치료 즉 밀도 높은 수행이 절실한 시간이 왔다.

이제 전쟁이 끝나고 귀향을 서두르던 늙은 병사가 멀리 고향이 아스라이 보이는 산등성이에 이른 듯 안도한다. 아직은 크레바스를 넘어가며 갈 길이 제법 멀지만 저기 보이는 저곳이 바로 애타게 찾던 내 고향임에야.

그러나 고향을 앞에 두고 수행결핍이라는 질병으로 죽어서는 절대로 안 된다. 나는 단 한 번의 머뭇거림이나 뒤돌아보는 일 없이 귀향하리라.

붓다는 어느 날 제자들에게 말했다.

"비구들이여, 이제껏 가르침을 듣지 않은 사람도 즐거운 느낌을 받고〔樂受〕, 괴로운 느낌을 받고〔苦受〕, 즐겁지도 않고 괴롭지도 않은 느낌을 받는다

〔非苦非樂受〕. 또한 내 가르침을 들은 제자들도 역시, 즐거운 느낌을 받고, 괴로움 느낌을 받고, 즐겁지도 괴롭지도 않은 느낌을 받는다."

맞는 이야기다. 불교도, 힌두교도, 자이나교도, 뵌교도, 모두 기쁘기도 하고, 고통스럽기도 하며. 더불어 기쁘지도 고통스럽지도 않은 느낌이 일어난다.

말씀이 이어진다.

"(그렇다면 미처 나의) 가르침을 듣지 못한 사람은 가르침을 받은 사람과 무엇이 다르겠는가?"

세상 누구나 감정을 느낀다. 아름다운 강 린포체〔카일라스〕 모습에 감탄하고, 산을 걷느라 힘들고 지친 감각을 스스로 느낀다. 그렇다면 붓다의 설법을 아는 사람과 붓다의 설법을 모르는 사람 사이에는 무슨 차이가 있는가.

이것을 확실하게 말할 수 있다면 진정한 불제자라 할 수 있겠다.

비구들은 자신들의 대답 대신 붓다에게 대답을 구했다.

『잡아함경』에 나오는 이야기다.

"비구들이여, 아직 가르침을 받지 않은 사람이 괴로운 느낌을 받게 되면, 비탄에 잠기고 매우 혼미하게 된다. 그것은 마치 첫 번째 화살을 받고 난 뒤에 다시 두 번째 화살을 받는 것과 비슷하다. 반대로, 이미 가르침을 받은 사람은 괴로운 느낌을 받아도 쓸데없이 비탄에 잠겨 혼미하게 되지 않는다. 그것을 나는 '두 번째 화살을 받지 않는다' 라고 말하는 것이다."

멋진 비유가 아닐 수 없다.

붓다는 이어서 즐거움도 같은 비유를 든다. 아름다운 대상을 보고 아름다움에 빠져버리게 되면, 두 번째 화살은 괴로움을 데리고 온다고 설법한다. 살아있는 존재들이 끊임없이 즐거움 그리고 행복을 추구하지만, 그것은 알고 보면 고통의 원인을 불러오는 일이 아닌가.

다르마를 알고 붓다의 가르침을 받은 사람이라면 두 번째 화살을 받지 않는 것이 설법을 들은 자와 듣지 않은 사람의 차이다.

나는 종교를 여러 번 갈아탔다. 그러나 천주교와 힌두교, 이 모두를 조금도 가볍게 보지 않는다. 이 소중한 시간이 없었다면 나는 붓다를, 우주의 체계와 절대적 진리인 다르마를 진정 이해할 수 없었을 것이고, 이 나이에 뭇하게 화살을 맞아 고슴도치 모습이 되었을 터다. 그러나 이제는 흔들리지 않는다.

가끔 친구들이 불교에 대해 묻게 되면, 두 번째 화살을 맞지 않는 방법을 알려주는 종교라고 이야기해준다. 불교의 가르침에는 어느 누구나에게 날아오는 화살을 어떻게 해결하는지, 그리고 아무리 하늘의 비처럼 화살이 쏟아져 내려와도 어찌하면 화살의 가치를 맥없이 무효화시키는지 지나치게 친절할 정도로 알려주고 있다.

불교에서 고통을 이야기하는 것은 결국 고통을 여의게 만드는 것이지 고통 자체를 말하는 것이 아니다. 즉 태어나는 고통, 늙는 고통, 병드는 고통, 죽는 고통, 걱정과 슬픔으로부터의 고통, 번뇌의 고통, 원망하고 미워하는 고통, 사랑하는 이와의 이별의 고통, 욕망을 이루지 못하는 고통을 이야기하는 것은, 그런 고통이 있다고 분류해서 보여주는 것이 아니라, 그것을 여의라는 것, 즉 절연의 의미다.

불교는 '알아야 할 것, 마땅히 포기해야 할 것, 마땅히 행해야 할 것, 수행해야 할 것' 에 대한 이야기의 변주곡이다. 행할 것을 버리고, 포기해야 할 것은 행한다면 불교도라 말할 수 없지 않은가.

문을 열어준 인도와 히말라야가 고맙고, 때 되어 문을 열어준 강 린포체〔카일라스〕 역시 감사할 따름이며 이곳에서 무사히 걷게 해준 내 까르마에 대해 또 감사하다. 그 사이 덜어냈을 아만我慢과 줄어들었을 부정적 까르마〔業〕를 생각하면 가슴 부근에서 두 손이 스스로 모아진다.

하늘에는 구름이 잔뜩 들어차 있다. 그러나 이상한 일은 강 린포체〔카일라스〕 어디든지, 더불어 어느 시간이든지 일대에 진정한 어둑함이 없다는 점이다〔山自明〕. 어디에서도 저절로 길이 보일 듯한 백일하의 분위기며 또 어디든지 청량한 이유는 산의 신령스러움과 사방에 출세간의 큰 구루지들의 유향遺香이 훈습되어 있기 때문이다. 길 위에서 그 빛과 향에 물들어 있는 나는 다시 진언행자가 되어 감사의 만뜨라를 거듭한다.

35

침묵하라, 안 꼬라

아아, 신천지新天地가 안전眼前에 전개展開되도다.

—「기미 독립선언서」

안쪽으로 들어서면

달첸 마을에서 북쪽에 가로막힌 언덕을 지그재그로 올라서다 뒤돌아보면 남쪽 풍경이 그만이다. 라모 양첸Lhamo Yang Chen을 비롯한 다섯 자매가 살고 있다는 해발 7천649미터의 구르라 만다타 연봉이 옆으로 길게 누워있고 바로 앞으로 펼쳐진 발카평원 위로는 푸른 호수가 넓게 자리 잡았다.

이런 풍경을 등에 업고 북쪽으로 열린 계곡을 따라 올라서면 얼마 지나지 않아 북쪽 정면으로 산에 폭 쌓여 앉음새가 예사롭지 않은 걍닥Gyangdrak 사원이 눈에 들어온다. 강 린포체〔카일라스〕에 있는 사원 중에 가장 규모가 큰 사원으로 역시 문화혁명 당시 파괴된 후 1986년에 다시 일으켜 세워졌다.

걍gyang은 티베트 사람들의 단위로 한 팔을 넓게 벌렸을 때의 길이며, 혹은 한 번 오체투지해서 나가는 거리를 말하기도 한다. 닥grak은 500번을 일컫기에 500번 오체투지로 가야 하는 사원이며 보통 유목민이 이쪽에서 휘파람을 불면 간신히 들을 수 있는 거리 정도가 되겠다. 해발 4천970미터에 얹힌 걍닥 사원은 그런 식으로 달첸에서부터 적당히 떨어진 사원, 이렇게 은유적으로 뜻풀이를 하면 되겠다.

일설에 의하면 티베트 뵌교의 창시자 센랍 미우체가 하늘에서 강 린포체〔카일라스〕 정상으로 내려온 후, 계단처럼 생긴 남쪽 경사면을 따라 내려와 이 자리에 움막을 세웠다고 하니 일대는 뵌교 최초이자 최고 성지 중에 하나라는 이야기가 된다. 그러나 이것 역시 티베트불교가 뵌교의 성지를 접수하고 사원을 건립한 지 오래 되었기에 증거물은 없이 오로지 구전뿐이다.

이곳에서 좌측 능선을 넘어가면 쎌룽Serlung 곰빠가 있다. 쎌룽 사원은 이렇게 걍닥 사원에서 능선을 넘어가는 방법과 걍닥 사원 못 미처 삼거리에서 좌측으로 방향을 잡고 쎌룽추의 맑은 물을 건너 북진하면 도착하게 된다. 사원으로 오르는 계곡에는 신심이 갸륵히 깊은 사람들이 크고 작은 돌들을 모아 쌓아올린 돌탑이 즐비하기에, 이름 붙이기를 좋아했던 퇴계 선생을 흉내내어 일대를 불심곡佛心谷이라 이름을 준다.

일대는 동물들의 천국이다. 인적이 없는 그윽한 곳이라면 어디든지 동물들의 낙원이다. 야생 야크, 사슴 떼, 마모트 그리고 이름을 알 수 없는 새들이 이렇게 발을 들여놓은 사람 따위는 아랑곳없이 파란 이끼로 덮인 초지를 오간다.

쎌은 황금이며 룽은 아가마〔教言〕를 의미한다. 즉 황금률을 받을 수 있다는 사원으로 강 린포체〔카일라스〕에 자리 잡은 사원 중에 가장 규모가 작아 멀리서 보면 귀여운 붉은 성냥갑을 하나 세워놓은 것처럼 보인다. 만든 지 얼마 되지 않은 깔끔한 촐뗀과 허름한 사원 건물이 서로 어색하게 조화를 맞추려고 노력하지만, 애쓸 것 없다. 몇 번의 겨울이 지나가면 서로 분위기가 닮아가며 든든하게 의지하며 자연스러워지리라.

사원은 고풍스러운 분위기가 없는 것이 더 좋다. 다만 예측하기 어려운 날씨 속에서 세월을 보낸 탓에 비록 얼룩덜룩하지만 마구 뛰어노는 건강한 티베트 소년처럼 느껴진다. 부드러운 온기가 돈다.

이곳에서 다시 가쁜 숨을 몰아치며 북쪽 능선을 여러 개 타고 오르면 강린포체 남벽이 눈앞에 확 다가선다. 산으로 향해 나가면서 구름들이 생동하며 부피가 커지는 것이 마치 머리 부근의 광배가 어깨 넓이로 넓어졌다가 차차 거신광擧身光이 되는 듯 장엄하다. 하늘에서 가볍게 빗방울이 떨어진다. 우산을 펼칠까 말까 궁리하게 되는 그런 정도의 성근 빗물이다. 사람에게는 불편하지만 강팍하게 건조한 대지는 이런 소량의 수분에도 열렬하게 반응하여 풀들이 자라고 이어 작은 초식동물들이 행복해하리라.

일단 산에 들면 날씨는 더 이상 문제되지 않는다. 이렇게 먼 길 찾아왔으니, 비가 오면 오는 대로, 바람이 불면 바람이 부는 대로, 눈 내리면 그대로 온몸으로 받아들인다. 태풍이 찾아오면 어떤가. 매운 주장자가 날아오는 듯 그대로 받아들이며 맑은 날이 도래하도록 기다려야 하니 이것은 바로 명안종사明眼宗師 아래 제자들이 겪어야 하는 과정과 빈틈없이 같다. 날씨가 좋아질 때까지 주변의 돌을 모아 신들의 도시 라싸에서 가지고 온 카타를 올려놓고 촐뗀을 쌓는다. 돌 하나 올려놓고 한 바퀴 돌며 만뜨라를 외우고, 돌 하나를 올려놓고 또 우측돌이를 한다. 차차 탑이 완성된다.

강 린포체[카일라스]의 우측에는 날렵하게 생긴 작은 봉우리가 있다. 마쎌룽 사원은 황금의 가르침이 모셔져 있다는 의미를 품고 언덕에 몸을 기대고 있다. 강 린포체〔카일라스〕에 몸을 의탁한 사원 중에 가장 안정적이며 아담한 분위기를 품고 있다. 계곡 사이로 멀리 발카평원이 바라다 보이는 명당이다. 앞마당에서 며칠이고 막영하고 싶은 자리. 어머니의 품안과 같은 곳이다.

치 강 린포체〔카일라스〕의 축소판처럼 생겼으며 이름은 띠충Tichung이다. 이 봉우리는 주봉에서 서남쪽으로 흘러오다가 다시 같은 모습으로 일어나 주봉에게 예를 올리는 듯 바라보는 회룡回龍의 모습을 가지고 있다. 강 린포체라는 이름 전에 강 띠세였기에 띠Ti라는 이름은 띠세를 의미하는 말이고 충chung은 작다는 이야기. 즉 작은 강 린포체〔카일라스〕라는 의미로 역시 큰 봉우리를 따라 차차 구름 속으로 사라진다. 강 린포체〔카일라스〕 정상에는 뎀촉Demchog불이 그리고 작은 봉우리 띠충에는 그의 배우자 도제 파모Dorje Phamo가 거주한다는 이야기도 있다.

고요가 가득한 이곳에서 세상을 뜬다

정말 고요하다. 아무런 소리조차 없다. 풍경이 모두 사라진 후에 느끼는 고요함이 도리어 신령스럽다.

준비한다.

마음으로나마 티베트 공양방법처럼 7개의 잔을 차례차례 내려놓고 맑은 정화수를 붓는다.

붓다와 보디삿뜨바의 입을 닦아낼 청음수淸飮水.

발을 씻을 세족수.

꽃을 대신할 물.

등불을 대신할 물.

향을 대신할 물.

향수를 대신할 물.

음식 공양을 대신할 물.

마음으로 차례차례 물을 관상하고, 내가 만든 돌탑을 우측에 두고 강 린포체[카일라스]를 향해 오체투지한다. 내 몸이 더 이상 낮아질 곳이 없어지면서 마음이 고요로 들어간다. 풍경이 담백하면서도 화려함을 잃지 않고 경건함까지 품어낸다. 내가 소리를 내지 않으면 그대로 깊은 정적 속에 머물게 되어 소음을 내지 않기 위해 유령처럼 움직여보는데 그리 어려운 일이 아니다. 스쳐 지나가는 설치류조차 눈을 마주치며 소리 없이 빗겨간다. 내 숨소리만 들린다.

서울에서는 경험할 수 없는 침묵이다. 소음을 내서는 안 된다. 인간이 만들지 못하는 것은 침묵이기에 그것을 존중해야 옳다. 더구나 큰 스승 앞에서는 말할 것도 없지 않은가. 강 린포체[카일라스]란 15년 동안 마음에 두고 있다가 이렇게 뵙는 스승이 아닌가. 웅자雄姿의 강 린포체[카일라스]를 그대로 보여주는 내원.

사방이 그냥 정이 든다.

"이만하면 고향이 될 수 있겠어."

히말라야 어디라고 그런 마음을 품지 않았으리오만 삭막한 서울 태생인 나로서는 도시를 버리고 정처定處 고향 하나쯤 따로 가질 생각으로 늘 골몰한다. 내심 강 린포체[카일라스]의 안 속살, 여기를 귀의歸依 고향으로 삼으면 어떨까, 마음이 흔들리며 고민할 정도로 아름다움을 비장하고 있다. 이

강 린포체 주봉에 깊게 새겨진 흔적은 역逆 만卍자로 읽힌다. 즉 만의 날개가 거꾸로 되어 있는 저 모습이 바로 뵌교도들이 이 산 일대를 자신들의 성지로 선포하는 근거가 된다. 우측에 있는 해발 6천 미터의 봉우리는 티베트불교에서는 아라한이 현재까지 거주한다는 성지이며, 힌두교에서는 쉬바의 탈것 난디가 웅크리고 있는 형상이라고 설명한다. 그러나 아무렴 어떠냐. 이곳에 서면 모든 분별은 사라지고 오로지 덕충지미德充之美의 광휘뿐이다

지형은 마치 전륜성왕을 배출시킬 듯한 명당으로 전륜성왕이 될 수 있는 사람은 고요정적이 솜이불처럼 깔린 이곳에 와서 강 린포체[카일라스]의 설법을 듣고 수행을 통해 완성이 가능해 보인다.

야크 세 마리가 소리 없이 찾아와 풀을 뜯기 시작한다. 대지에 인사라도 하듯 깊이 고개를 숙이고, 대지에 얼굴을 비비듯 얼굴을 바닥에 밀착했다.

비는 어느 사이에 멈추고 구름이 희박해지더니 바위들이 반짝거림을 되찾아 생동하고 마모트는 다시 굴 밖으로 나와 사방을 경계한다. 생명이 약동하는 이 모습은 석기시대부터 아니, 그전부터 변함이 없었을 듯한 풍경으로 사람이 있건 없었건, 누군가 바라보건 바라보지 않았건 늘 일어나는 현상이다. 별것 있을까, 그런데 이것이 늘 새로운 소식으로 이 대지위에서 반복하는 뉴스다. 사방을 둘러싼 산들은 이 소식을 다만 묵묵히 듣고 바라보고 있다.

날이 좋아지면서 드러나는 고원의 능선이 한없이 부드럽다. 마음이 활짝 트인 만큼 풍경이 유연하게 흐른다.

모든 존재를 사랑하겠다는 마음이 일고 축복을 내리고 싶다. 내가 축복을 내린 능력이 없으니 대신 부탁한다.

티베트의 제신들께서, 그리고 쉬바신께서 두루두루 축복하시라.

도시에서 늘 배고파 허덕이는 아귀 같은 삶에 빠진 중생은 물론, 이렇게 여유롭게 수백 세대를 이어가며 살아온 창탕고원의 부족들에게도 축복하시라. 아니, 이들은 이미 축복 받고 있으나 더욱 깊이 축복하시라.

절을 한다.

나는 불교 스승을 모시지 못했으나 힌두 스승 한 분 계시다. 오래전 가르왈 히말라야 갠지스 강이 시작하는 빙하 끝부분에서 만난 분으로 이름은 옴기리 바바지.

옴기리 바바지는 자신이 죽기 전에 제자를 키우고 난 후 그에게 옴기리 바바지라는 이름을 주고 자신은 히말라야에서 사라져 간다. 이 전통이 언제부터였는지 알 수는 없으나 힌두교도들에게 옴기리 바바지라는 이름은 히말라야에서 대를 이어가는 야승野僧으로 각인되어 있다.

"첫째, 좋은 음식을 먹어라. 잘 가꾸어진 야채를 주로 먹고 고기를 먹지 말아라. 모든 음식을 먹을 때 맛있다고 생각하며 먹어라. 그러면 마음으로 들어간다."

"둘째, 좋은 말을 해라. 머릿속으로도 나쁜 말을 하지 말고 축복의 말을 많이 해라. 남에게 상처를 주는 이야기는 금해라. 좋은 말을 주로 해라. 그렇지 않을 바엔 침묵해라."

"셋째, 좋은 걸음으로 걸어라."

"넷째, 잠을 적게 자라. 잠을 많이 자면 잘수록 너의 영혼은 혼탁해진다. 처음은 힘들어도 익숙하면 하루 세 시간으로 충분하다. 깨어 있으라. 잠을 적게 자라."

이것이 나에게 준 무겁고 가치 있는 네 가지 가르침이었다. 힌두교도로 살면서 이것을 지키려고 눈에 보이지 않는 노력을 했다. 몇 년 전 인도 다람살라에 사는 후배 하나가 내 이야기를 듣고 옴기리 바바지를 찾아 나섰다. 그는 히말라야의 한 온천 마을 강가니Gangani에서 그를 만났고, 당시 긴 머리를 풀어헤치고 한쪽으로 기울어진 자세로 영특하게 생긴 아이 하나를 지도하고 있었다고 했다. 그 말을 듣자 문득 이제 세상을 떠날 준비를 하고 있다는 생각이 들었다. 자신의 몸에 다가오는 시간을 알고 자신의 공부가 성취를 이루었다면 이제 전통에 따라 다음 옴기리 바바지를 충분히 지도하여 사는 동안 성취해야 할 단계를 설명하고 자신은 히말라야에서 소멸할 터, 스승의 앞날이 예견되었다.

아니나 다를까, 강 린포체〔카일라스〕 꼬라의 첫날 아침, 달첸에서 출발하여 착챌 강을 가는 도중에 그에 대한 소식을 들었다. 오렌지 샤프란을 입고, 그 위에 추위를 피하기 위해 푸른색 덧옷을 걸친 힌두수행자와 걸음을 맞추는 중이었다.

"하리 옴."

내가 먼저 힌두예법에 따라 인사를 했다. 먼 곳의 동양인이 쉬바를 찬양하는 만뜨라 인사를 하니 반갑고 놀랐던가 보다. 함지박 웃음을 지으며 답례를 했다. 길을 걸으면서 내 구루가 옴기리 바바지라는 말이 끝나는 순간 그는 비명에 가까운 소리를 지르더니 악수를 청하다가 그것으로 모자란다고 생각했는지 길에서 나를 억세게 와락 껴안았다. 그는 옴기리 바바지에 대한 무한한 존경의 말을 아끼지 않더니 기어이 그 말을 했다.

"산과 하나, 땅과 하나, 하늘과 하나가 된 지 얼마 되지 않았다."

옴기리 바바지는 브라흐만으로 돌아가셨다!

낡은 육신을 끌고 기다란 그림자를 이끌면서 설산으로 들어가는 그의 마지막 걸음걸이 모습이 보였다. 그리고 적당한 자리를 찾아 척량골 곧추세운 채 결가부좌로 앉거나 우측을 아래로 누워 그가 모시던 신들의 세계를 천천히 바라보는 모습까지 보였다. 내 삶의 깊은 영양분을 주었던 스승은 강 린포체〔카일라스〕에서 발원한 두 개의 강이 꼭 껴안고 있는 히말라야 어디엔가 누워 이미 풍화되었으리라.

가르왈 히말라야에서 자신의 낡은 육신을 이렇게 벗어버린 구루지들을 앞에서 여럿 보았다. 모든 것을 다 이루었다는 편안한 표정, 옆에 놓인 경전과 세상을 떠나는 순간까지 옆에서 타올랐을 둡〔香〕 찌꺼기. 그 옆에 얼마나 눕고 싶었던가. 내 스승도 그렇게 존재놀이를 마쳤으리라. 이제는 힌두교에서 한 발 물러서면서 때 맞추어 스승의 열반 소식을 듣는다.

등산화를 벗고, 양말도 벗고 맨발로 선다. 신성한 땅과 나는 아무런 장애가 없이 만난다. 공에서 일어나 바람, 불꽃, 물, 그리고 대지가 생기고 그 위에 제일 먼저 일어났다는 강 린포체〔카일라스〕 위에 내 두 발을 내딛는다. 강 린포체〔카일라스〕는 구름으로 종적을 감추었다가 다시 서서히 등장하고 다시 사라지기를 반복하고 있다.

무상하구나, 세상이여.

마음으로 차려놓은 티베트식 불단에 옛 힌두 스승의 위대한 귀향을 축원하는 오체투지를 올린다.

한 분의 아라한이 계시다

강 린포체〔카일라스〕 우측 전면에는 거대한 산괴가 하나 보인다. 앞에서 바라보면 열차 모습이다. 네덴 엔락중 기 포당으로 그냥 뜻을 풀어버리면 지팡이를 든 나이 지극한 스님이 살고 있는 궁전이다. 티베트어로 네덴은 설명하기가 모호하지만 비구계를 받은 후 10년 이상 아무런 까르마〔業〕를 만들지 않은 청정한 존자들을 일컫는단다. 당연히 아라한으로 풀면 되고, 약간의 의역을 한다면 손에 지팡이를 든 아라한이 현현하는 궁전 정도면 무난하겠다.

티베트에서는 지금 이 봉우리에 한 분의 아라한이 거주하고 있다고 말한다.

그러면 이 분이 누구일까?

일설에 의하면 붓다가 열반에 들 무렵 16명의 아라한과 그들 권속들에게 무상법無上法의 진리를 부촉付囑하고〔密承我佛蝸腑囑〕, 불법의 소멸을 막기 위해 다음 붓다가 세상에 올 때까지 중생들을 보살피고 복전이 되라〔住世恒爲眞福田〕는 임무를 위임했다 한다. 여기서 아라한은 강 린포체〔카일라스〕 입구의 달포체의 5백 아라한과는 조금 다르다. 즉 16아라한은 중생을 제도하기 위해 이 세상에 머물고 있는 대승적인 존재다.

당나라 현장이 번역한 경전, 정식명칭 대아라한 난제밀다라 소설 법주기大阿羅漢難提蜜多羅所說法住記, 일명 『법주기法住記』에는 16아라한의 명칭, 거주처, 외관 등등이 소상하게 기록되어 있다. 즉 빈도라발라타사賓度羅跋惰,

가락가벌차迦諾迦伐蹉, 가락가발리타사迦諾迦跋釐墮, 소빈타蘇頻陀, 낙거라諾距羅, 발타라跋陀羅, 가리가迦理迦, 벌사라불다라伐羅弗多羅, 수박가戍博迦, 반탁가半託迦, 나호라羅, 나가서나那迦犀那, 인게타因揭陀, 벌나파사伐那婆斯, 아시다阿氏多, 주다반탁가注茶半託迦이다.

> 인게타因揭陀, Angaja-그의 권속 1,300명의 아라한과 더불어 '광협산廣脇山' 가운데 머물러 정법수호 및 중생들의 복전이 되어지고 있는 성자로, 왼손에는 경전을 얹고 오른손으로는 구슬을 받들며 그 어깨에는 지팡이를 기댄 채 앉아 있는 모습으로 그려진다.
>
> —정각스님의 『예불』 중에서

그 중에서 네덴 엔락중, 즉 나이가 많고, 손에는 주장자를 들고, 이름을 통해서 인상착의를 따져보면 일치하는 딱 한 사람이 있으니 바로 앙가자〔Angaja 인게타因揭陀〕다.

본래 이 분은 1천300의 권속과 더불어 광협산廣脇山에 사는 것으로 기록되어 있으며 광협산이라는 주처가 있음에도 여기까지 찾아와 머무는 이유는 신통력으로 티베트에 강력한 지방신을 제압하기 위해서였다고 한다. 그렇다면 강 띠셰로 불리던 시간대에 이 봉우리는 분명히 다른 산신의 이름을 가지고 있었을 터지만, 현재 알려진 바가 없다.

풍상설월風箱雪月을 잘 겪은 봉우리가 때가 되면 터져 나올 것처럼 더욱더 단단하게 보인다. 해발고도는 6천 미터.

仙人白雲裏 선인은 흰 구름 그 속에 들어

俯視天地間 하늘과 땅 사이를 굽어본다네.

—정두경鄭斗卿

티베트 사람들에 의하면 앙가자 아라한이 권속과 함께 이 봉우리에 살고 있다는데 산이 구름에 휩싸이는 모습을 보니 정말 어떤 선인이 그 자리에 계시는 듯 상서롭다. 이곳에 주석하여 세상 사람들의 깨달음을 위해 노력한다는 이야기가 수긍이 간다. 구름이 잦아 신비로운 모습을 연출하고 구름 안에 어떤 보리의 불빛과도 같은 형상이 보이는 듯하며, 세간과는 엄연히 다른 선불장 풍경을 보이는바, 저런 곳에 아무도 살지 않는다면 도리어 섭섭할 터, 아라한이 거주한다는 설정이 스스럼없이 나왔으리라.

'끝까지 궁구하여 묘한 이치를 깨닫는다면 마디마디마다 석가여래가 나타나실 것' 이라는 『선가귀감』 이야기처럼 마디마디가 아니라 풍경풍경마다 아라한을 뵙지 못하는 일은 나타나도 보지 못하는 오로지 내 탓이리라.

주변 풍광은 아침에 일어나 절하고, 저녁에 잠들기 전에 다시 절하고 싶은 장엄한 모습이다.

산의 상좌가 되어 하루에도 여러 번 문안드리고 싶다. 세찬 바람이 불어도 흔들리지 않고, 제 아무리 많은 눈이 내려도 제 모습을 잃지 않는 저 모습을 향해서.

반면 힌두교에서는 이 산을 난디Nandi라 부른다. 힌두교도의 시선으로 보자면 이 봉우리는 마치 한 마리 소가 웅크린 형상이란다.

아주 오래전에 브라흐마가 '훔' 하는 소리에서 암소 수라비Surabhi가 태어났다. 말하자면 지구상에 있는 모든 소들의 어머니인 셈으로 수라비는 이어 자식을 낳고 또 낳았으니 자식들이 성장하며 많은 우유를 만들어냈다. 이제 우유가 넘쳐흘러 거품을 만들고 드디어 파도까지 철석철석 치며 바로 이곳, 쉬바의 땅 강 린포체[카일라스]까지 이르렀다.

쉬바는 분노했다. 쉬바는 파괴를 담당하는 신. 만일 분노로 인해 양미간 사이에 눈에 떠지면 그곳에서 엄청난 파괴력을 가진 빛이 튀어나와 상대를 불태워버린다. 쉬바가 제3의 눈을 슬며시 뜨며 우유를 대책 없이 쏟아내는 소들을 향해 바라보기 시작하자 난리가 난다. 소들은 불을 피하려고 이리저리 도망을 다니다보니 어떤 소들은 불이 슬쩍 닿기도 하고, 미처 피하지 못한 소들은 죽기 직전까지 태워지기도 한다. 이때부터 소들은 검은 소, 얼룩이 소, 누런 소 등등 다른 색을 가지게 되었단다.

겁에 질린 소들은 불기운의 반대편 즉 차가운 기운을 가진 달[月], 즉 찬드라Chandra에 도망을 가지만, 쉬바의 위력으로 볼 때 우주 어디로 피한다고 그것이 가능한 일인가. 도리어 달까지 위험한 상태에 빠지며 소들에 대한 대학살이 계속되고.

이때 생명과 번영을 담당하는 프라자파티Prajapati가 황급하게 쉬바를 찾아 나선다. 분노한 쉬바에게 빈손으로 찾아갈 수는 없어 하얗고 순결한, 그리고 등에 혹이 달린 최고로 멋진 소 한 마리를 끌고 찾아갔겠다. 이 소가 바로 난디였고 쉬바는 난디를 받아들이며 분노를 가라앉혔다. 쉬바는 이후 공식석상에 나갈 때 난디 등에 얹혀 출타했으니 쉬바는 소를 타고 다니는 존재라는 뜻의 우르샤바 와하나라는 이름을 하나 더 가지게 되었다.

힌두교에서 가장 큰 세력을 가진 신은 죽음과 파괴를 맡고 있는 쉬바신이다. 쉬바신은 강 린포체〔카일라스〕 정상에 거주한다. 그와 함께 다니는 하얀 소 난디는 강 린포체〔카일라스〕 앞에서 남쪽 인도를 향해 앉아 있다가 주인이 부르면 순식간에 일어난다.

고대 인도에도 소에 대한 보호의식이 뿌리 깊게 퍼져 있었고 소의 숫자가 지나치게 많았던 것이 틀림없다. 더불어 한때 소들이 갑자기 크게 번식을 했으며 지나친 개체수를 조절하는 자연 법칙에 따라 질병이 찾아와 대량으로 죽었음을 반영하는 신화이기도 하다.

쉬바는 강 린포체〔카일라스〕 정상에 거주하다가 가끔 난디를 깨워서 그를 타고 세상 밖으로 나간다. 말하자면 1호차가 늘 남쪽 인도대륙을 향해 대기하고 있는 셈이다. 라마 아나가리카 고빈다는 이 모습이 '마치 사랑하는 주인을 바라보는 황소 같다' 고 표현했다.

남벽이 드러난다. 짙게 드리웠던 하얀 구름 커튼을 걷어내며 서서히 모습을 보여준다. 절 한 번 올리고 사진기에 담아본다. 티베트불교에서는 아라한 한 분이 이 자리에 계시기에 평소 수행을 게을리하지 않았고 운이 좋은 사람이라면 이곳 내원의 길에서 아라한을 만나 가르침을 받을 수 있다고 이야기하며, 다른 편 힌두교에서는 쉬바신의 영험한 탈것이 웅크리고 있다 한다.

선취가 풍겨나며 매우 고요한 곳이라 안 꼬라의 의미를 알 수 있다. '선정禪定의 가시는 소란이며 선정의 길상초는 정적'이라 했으니 그 고요함을 좌복삼아 강 린포체〔카일라스〕와 네덴 엔락중〔앙가자〕이 굽어보는 이 자리에서 오랫동안 선정에 들고 싶은 마음이 일어난다. 다시 돌탑을 쌓는 자리로 돌아와 산을 마주보고 앉는다. 이런 시간이 길어진다면 언젠가 아라한들을 직접 뵐 수 있지 않겠는가. 풍경을 바라보다 눈을 감는다.

"오라, 비구여〔善來比丘〕!"

내생에서부터 울려오는 소리를 듣는다.

눈 덮인 위대한 강 린포체〔카일라스〕에는
성인 앙가자 존자께서 거하시니
천삼백 권속 아라한들이 위요하고 있다네.
향로와 불자를 들고 계신 당신께 정례하오니
스승님들께서 장수하시어 법이 홍성하도록
당신의 가피를 내려주소서.

—「십육나한 예경 공양문」 중에서

36

자이나교도 연고가 있다

살아 있는 모든 것은 살기를 원하네.
그 무엇도 죽음을 원치 않는다네.
생명을 죽이는 것은 두려운 일.
그러니 수행자들이여,
모든 구속으로부터 자유를 얻는 이들이여,
그 무엇보다도 살생을 삼갈지어다.

—마하비르

파르슈와나트와 마하비르

기원전 8세기경 파르슈와나트Parshwanath라는 왕자가 있었다. 그는 결혼식을 치르기 위해 신부집에 도착했다. 그런데 애처로운 동물들의 울음소리가 왕자 귀에 들리는 것이 아닌가.

소리가 나는 쪽을 바라보고 놀란 왕자가 시종에게 물었다.

"저 동물들은 왜 저리도 잔인하게 잡혀있는 게냐?"

시종이 말했다.

"왕자님 결혼식 제물로 쓸 예정입니다."

왕자는 깊은 동정심에 사로잡혀 한동안 굳어 버린다.

결혼식장에 도착한 왕자는 장인인 이웃 나라 왕에게 단호하게 말한다.

"지금 당장, 도살하기 위해 잡아놓은 동물들을 풀어주세요."

장인은 고개를 갸우뚱했다.

"왜 그래야 하는가? 저 동물들 생명은 인간의 즐거움을 위해 있는 것이라네. 동물들은 우리의 노예이자 식량이지. 고기 없이 어떻게 축제를 열 수 있겠는가?"

왕자는 또박또박 말한다.

"동물은 영혼을 가지고 있고, 의식도 있으며, 우리의 친척이자 조상이기도 합니다. 그들도 느낌이 있으며 감정을 가집니다. 우리와 마찬가지로 살고 싶어 합니다. 살고 싶은 생각이 우리보다 적지 않을 것입니다. 그들의 살 권리 역시 우리가 살 권리만큼 기본적인 것입니다. 동물이 노예가 되어 죽는(모습을 보면서까지)다면 나는 결혼할 수 없습니다. 나는 사랑할 수도 없고, 삶을 즐길 수도 없습니다."

왕자는 결혼식장을 나와 버린다. 그런데 내면에서 커다란 소리가 울린다. 왕자의 삶을 버리고 이제 동물을 함부로 죽이는 무지한 중생을 일깨우는 길로 가야 한다는 울림이었고 신비롭게도 그의 주변에는 동물들이 모여들었다.

왕자는 그 길을 택했다. 첸레식[관세음보살]의 모습이 아닌가.

그는 이제 왕자의 자리를 버리고 출가한 셈이다. 하긴 전조현상이 없는 것은 아니었다. 왕자로서 화려한 궁전에서 살면서도 자신이 바라는 것이 끝없음을 알고 비통함에 빠지기도 했다. 하나를 얻어 만족할 줄 알았는데 또 다른 커다란 것이 필요했으니, 차차 황금과 재물이 자신을 가두는 감옥으로 여겼고 부와 명예가 성취감을 줄 것이라는 믿음은 환상에 불과함을 알아차렸다.

왕자는 이제 다시는 안락함 따위는 뒤돌아보지 않고 인식 너머 광대한 세상으로 떠났다. 생명의 귀중함에 대해 가르침을 펼치기 시작하자 수천 명의 사람들이 모여 그의 이야기에 귀를 기울이고 집으로 돌아가서는 행동으로 옮기며 동물을 돌보기 시작했다. 공주 역시 이 모습에 감명을 받아 결혼 대신 동물들을 보호하고 아끼는 일에 함께 헌신하기로 했다. 이제 공주의 아버지 순서였다. 사윗감이었던 이웃나라 왕자와 자신의 딸 공주가 동물들과 평화롭게 거주하며 생명의 소중함을 외치는 모습을 보고 자신의 왕국 안에서는 모든 동물을 공경해야 하고, 사냥하지 않으며, 우리에 가두거나, 애완동물로 만들어서는 안 된다고 칙령을 발표했다.

왕자는 라자스탄의 라지푸트족. 이들은 전쟁을 잘하는 용맹한 부족으로 명예를 위해서는 끝까지 싸우며 '무기고에는 비폭력이라는 이상理想이 들어있지 않' 다 생각하며 폭력을 쉽게 여겼다. 이런 왕국의 왕자였으나 이제 전쟁으로 남을 꺾는 일보다 자신을 꺾는 일이 중요하며, 전쟁터는 바깥이 아니라 자신의 안에 있는 것으로 보았다. 즉 라지푸트의 용맹한 전사 정신을 조금도 손상시키지 않은 채, 그 상대를 자신의 내부로 바꾼 셈이라고나 할까.

띠르탄까라Tirthankara, 즉 위대한 해방자, 직역하자면 '강 건너 피안에 닿을 수 있도록 여울을 만들어 길을 내는 사람' 은 자이나교에 차례차례 모두 24명이 있고 파르슈와나트Parshwanath 왕자는 23조祖.

통상 마지막 인물이 제일 걸출하게 마련이다. 왜냐면 더 이상의 성자가 필요없을 정도로 모두 완성시켰기 때문이며 바로 자이나교의 시조가 된다. 그 마지막 24대의 정식이름은 바르다마나Vardhamna로 역사적으로 실존한 인물이며 자이나교의 실질적 창시자다. 23대의 정신이 그대로 계승 발전되었다.

그는 기원전 599년경 지금의 인도 동부의 비하르주 파트나 근처에서 출생했으며 동시대 인물인 붓다처럼 왕자였다. 즉 이 시기에는 희생제를 지내는 일부 힌두교파에 반대하는 자이나교에 의한 아힘사[비폭력] 정신이 큰 목소리를 내고 있었고 붓다의 등장으로 더욱 힘을 얻게 되었다. 바르다마나의 부모는 파르슈와나트를 열심히 따르던 추종자였기에 훗날 자발적으로 단식을 통해 서서히 삼매에 들어가는 의식의 하나인 살레카나[斷食死]로 삶을 마감한다. 그는 28살(일부에서는 30살, 이렇게 부모가 돌아간 직후)에 출가했다.

처음에는 사자 모피를 두르고 다니다가 일 년 그리고 한 달이 지나면서 옷이란 거추장스러운 소유물, 그마저 훌훌 벗어버리고 나체로 금식 고행하여 깨달음을 얻고 지나[勝者]가 된다. 그러나 여기가 끝이 아니라 자이나교 용어로 깨달음을 뜻하는 케발라Kevala에 이르렀다. 케발라를 얻은 영혼을 케발린Kevalin, 全知的 存在이라 부른다. 그 후 30년 동안 설법하고 기원전 527년 역시 비하르에서 열반에 든다.

이 긴 과정 중에 그는 두 발로 바로 이곳 강 린포체[카일라스]를 찾아와 수행했고 케발린을 탄생시킨 배경에는 바로 강 린포체[카일라스]의 산기운, 햇살, 바람, 시냇물 등등이 관여했다는 이야기다. 바르다마나가 마하비르에 이른 여정 중에 바로 강 린포체〔카일라스〕가 그에게 물리적으로 그리고 영적으로 큰 자리를 제공했다.

그를 부르는 이름은 바르다마나가 아니라 마하비르〔大雄〕로, 위대하다는 의미의 마하와 영웅이라는 의미의 비르가 합쳐진 단어로 우리식으로 풀자면 큰 영웅, 대웅大雄을 말한다. 불교에서는 가장 위대한 인물 붓다를 대웅으로 삼기에 본존불을 모신 자리를 대웅전大雄殿이라 부른다. 같은 의미다.

> 힌두교에서는 죽이기도 하고 먹기도 한다.
>
> 불교에서는 죽이지는 않으나 먹기는 한다.
>
> 자이나교에서는 죽이지도 않고 먹지도 않는다.
>
> —김미숙의 『불교와 자이나교의 불살생론 비교』 중에서

자이나교도는 세상의 모든 종교 중에서 생명에 대해 가장 엄격하다. 불교의 「선원청규」에 있는 '쥐를 위해 밥을 남겨주고, 나방을 불쌍히 여기어 등불을 켜지 마라'는 이야기는 자이나 입장에서 보자면 턱없이 부족하다. 자이나 스승들은 생명에 대해 극단적인 보호를 요구하며 사부대중에게도 똑같이 행하도록 주문한다. 그들의 시선은 작은 동식물, 눈에 보이지 않는 미생물까지 확장되니 사람에 대한 살인은 꿈도 꾸지 못하는 일이다. 동물을 사랑하지 않는 사람들은 지역차별주의자, 인종차별주의자, 민족주의자, 카스트제도 추종자, 나아가 종種차별주의자 등등과 같은 부류로 여긴다.

자이나교도 스리니바사 무르티Srinivasa Murthy에 의하면 가령 음식만 해

도 이렇다.

"자이나교도들은 동물과 물고기, 새, 또는 다섯 가지 또는 그 이하의 감각기관을 가진 어떤 것들의 도살한 음식은 먹지 않는다. 또한 감자, 양파, 마늘, 무, 순무, 당근, 근대 등과 같은 땅 밑의 줄기와 뿌리도 먹는 것이 금지되어 있는데 거기에는 다수의 작은 벌레들이 포함된 것으로 여겨지기 때문이다. 비슷한 이유로 그들은 움직이는 존재들의 탄생 장소인 과일들 또한 먹지 말아야 한다. 그리고 낮 동안 음식을 먹어야 한다. 왜냐하면 햇빛이 없을 때 음식을 먹거나 준비하면 살생이 불가피하기 때문이다. 그러므로 자이나 교인들은 항상 야간 취식을 포기해야 한다. 다만 항상 그렇게 할 수 없는 사람들은 적어도 어떤 특정한 시기 또는 벌레들이 크게 성장할 때인 우기의 넉 달 동안은 그것을 할 수 있다."

"또 자이나 교인들은 음식물의 재료를 아주 주의 깊게 씻어야 한다. 그때에는 그것 위에나 안에서 발견될지도 모르는 어떤 살아 있는 생물들도 가능한 한 부드럽게 치우려는 생각을 견지해야 한다. 같은 이유로 매우 작은 생물들을 해치는 것을 피하기 위한 예방 방법으로서 자이나 교인들은 물, 우유, 쥬스, 또는 어떤 액체의 음료도 사용하기 전에 걸러 내야 한다."

자이나 스승들의 실천과 이론 중에서 흥미로운 것은 '일단 실천을 먼저 하라' 권하는 것으로 그러면 '자연적으로 이론이 따라온다'는 이야기. 이것이 아찰achar과 비찰vichar이며 실천하면서 행하는 수행자들을 아차리야acharya라 부르는 이유다.

자이나교를 처음 만난 시기는 1992년이었을 것이다. 그 전에는 이런 종

교가 있는지조차 몰랐다. 뭄바이 게스트하우스에서 가이드북을 들추다가 자이나교에 대한 글을 읽었고 바로 택시를 타고 사원을 찾아 나섰으니 비가 많이 내린 날로 기억된다. 하얀 옷을 입은 사람들이 사원 이곳저곳에 앉아 있었고 어떤 사람은 마스크까지 둘렀다. 불상과 똑같은 모습, 그러나 완전히 발가벗고, 몸이 하얀색인 좌상이 제일 좋은 자리에서 결가부좌로 앉아 내려다보고 있었다. 잔잔한 감동이 찾아왔다. 사원 안의 분위기는 힌두사원의 특징인 번잡함이나 소란스러움, 화려함 등등은 찾을 수 없이 다만 고요하고 부드러우며 안정적이었다. 자이나교도들이 이방인을 바라보는 시선은 따뜻했다.

서울에 돌아와 자이나교에 대한 이런저런 글들과 인연이 닿았고 문득 멋진 문장을 접한다. 즉 자이나교의 멋진 가르침 중에 하나로 생명을 뛰어넘어 자연의 현상까지도 보호되어야 옳다는 법문.

"어둠은 아름다운 것이며, 불로써 태워 없애서는 안 될 것입니다."

이 글을 읽은 후, 밤이 오면 자이나의 큰 구루지들을 생각했다. 저 무수한 불빛들, 가로등, 네온사인, 서치라이트, 자동차 하이 빔, 이것들은 밤에 대한 성가신 폭력. 밤이라는 현상에 대한 폭력이며, 밤에 활동하는 동물들의 시선을 가로막는 폭력이며, 더불어 밤이면 쉬어야 하는 식물에 대한 폭력이 아닌가.

마하비르의 모습. 마하비르는 하얀 몸에 아무것도 걸치지 않는 모습으로 표현된다. 강 린포체[카일라스] 역시 자이나교의 성지이지만, 사소한 그리고 무의식적인 폭력마저 피하려는 극단적인 교리 때문에 히말라야를 넘어 걸어와야만 하는 순례자들 숫자는 많지 않았을 것이다.

자이나교에 귀의하여 승려의 길을 택할 때 제자들은 이런 이야기를 듣는다.

"오, 모든 신들의 사랑을 받는 이여. 그대 이제 수행자가 되었으니 걸을 때는 반드시 앞을 자세히 살펴, 살아있는 그 어떤 생명도 밟지 않도록 하라. 그리고 앉을 때나 누울 때는 반드시 바닥을 부드럽게 쓸어내어 하나의 생명이라도 다치지 않도록 주의하여라. 가능한 말을 적게 하고 언제나 상냥하고 절도 있게 말하도록 하라. 그대는 정해진 주거지를 가지면 안 되며, 한 번에 30야드 이상의 옷감을 몸에 걸쳐서도 안 된다. 방석이나 이불은 사용해서는 안 되고, 밤에는 물, 음식, 약도 먹어서는 안 된다. 낮잠을 자서는 안 되고, 여행할 때에는 오로지 두 발로 걸어다녀야 한다. 신발이나 슬리퍼는 신어서는 안 되고, 자신의 짐은 스스로 짊어지고 다니고, 머리카락과 수염은 면도칼을 사용하지 말고 반드시 뽑아 없애야 한다."

아힘사〔非暴力〕라는 이 소중한 가치. 지독스러울 정도의 엄격한 규율,

자이나교 성소가 바로 이곳이다

자이나 스승들은 생명에 대한 신비 그리고 깨달음을 위해 자연 속에서 탁발하며 방랑했다. 때로 나무 밑에 앉아 명상에 잠기고, 더불어 산의 동굴에서 수행을 했다. 타르탄가라는 주로 산에서 열반에 들었으니 자신의 육신을 벗어놓은, 그리하여 자이나교의 성소가 된 산들은 모두 6곳이다. 24대

구루들은 이곳에서 수행하거나, 깨달음을 얻거나 혹은 열반에 들었다.

1. 아부Abu
2. 샤트룬자야Shatrunjaya
3. 기르나르Girnar
4. 라즈기르Rajgir
5. 사메스드쉬카르Sammesdshikhar
6. 강 린포체〔카일라스Kailash〕

마하비르는 걸으면서 깨달음을 추구했다. 자신 안에서, 세계 안에서 동시에 명상을 했다.

강 린포체〔카일라스〕가 이들에게 성지인 것은 바로 이 자리에서 큰 각성을 경험했기 때문이며, 그는 훗날 제자들에게 이곳에서의 경험을 말했다. 더구나 24대 마하비르뿐 아니라 자이나의 1조에 해당하는 아디나트Adinath 역시 이 자리에서 해탈을 이루었으며 카일라스 대신 아스타파드Ashtapad라는 이름으로 부른다.

그는 후세의 사람들에게 이야기했다.

"커다란 망고나무 한 그루가 망고나무 씨앗 안에 숨겨져 있듯이 그대 안에는 신성이 숨겨져 있다. 그대가 그것을 벗길 때까지 쉬지 마라."

붓다의 열반 시에 제자들에게 한 이야기와 같은 내용이다.

자이나교의 큰 스승들은 스스로 곡기를 끊고 열반에 든다. 이것은 자신의 몸이 쇠약해져 더 이상 몸이 말을 듣지 않아 자이나교도로서 임무를 수행할 수 없을 경우에 해당한다. 즉 눈이 나빠져 자신도 모르게 다른 동물을 밟아죽이거나, 나이를 먹음으로써 자신의 그릇된 판단이 일어나 다른 존재들에게 해가 갈 수 있기 때문이다. 이런 죽음을 향한 금식을 '살레카나' 혹은 '산타라' 라고 부른다. 이제 새로운 육체를 찾아가기 위해 헌 육체를 버리는, 즉 옷을 벗는 이승에서의 마지막 수행으로 물만 마시게 된다.

그리고 노래한다.

"오, 마하비르여, 속세의 욕망과 육체에의 집착 그리고 죽음의 공포에서 벗어나 오로지 당신을 향한 생각으로 충만한 순간에, 죽음을 내려주소서."

우리 모두에게 고귀한 죽음이 필요하다. 마치 먹다만 스파게티처럼 온몸을 수없는 전선과 기계로 감은채 중환자실에 누워 삶을 마감하는 것보다, 때가 되었다고 판단되면 이제 스스로 단식을 통해 의식을 끝까지 살피며 이승을 뜨는 일이 필요하다. 이것이야말로 고귀한 자발적 이별이다. 그리고 시간이 지난 후, 천장이면 어떻고 풍장이면 또 어떠랴. 개인적으로 죽음에 이르는 단식에 대해 무한 찬성한다.

파드마파티Padmavati는 자이나교의 깨달은 성자를 보호하는 여신으로 연꽃의 영혼이라는 의미를 가진다.

사티쉬 쿠마르에 의하면 이 여신은 우리에게 이렇게 말한단다.

"나는 연꽃이다."

그리고 묻는다.

"너는 아니라면 왜 안 되는가?"

자이나교에 따르면 연꽃이 되려면 첫 출발은 반드시 아힘사로 시작해야 한다.

산은 현재 명징한 하얀 연꽃이다. 빠마(蓮花)는 빛에 따라 푸른색의 우발라優鉢羅, 붉은색의 파두마波頭摩, 하얀색의 분다리芬陀利, 노란빛의 구물두拘物頭라고 부른다. 해가 떠오르고 산에 빛이 슬며시 되찾아오면 시시각각 다른 색으로 빛나며 모든 빠마를 한 자리에서 보여줄 것이다.

얼마나 많은 자이나교도들이 훗날 이 산을 찾아 히말라야를 넘어왔을까? 생각보다는 많지 않았다고 쉽게 짚어진다. 히말라야를 넘으려면 얼음이 녹는 여름철이어야 가능하며 이 철은 초목이 자라나고 수많은 벌레들이 성장하는 계절로, 자이나교도들은 자신들의 행동으로 미물들이 해를 입게 되는 이 시간대에 움직임을 자제했으리라. 더불어 마하비르의 강 린포체(카일라스)까지의 여정도 남달랐을 것이다. 천천히, 아주 천천히. 내부의 이야기를 듣고 바깥을 세밀하게 살피며 어느 누구보다 느린 여정이었으리라.

그렇다면 그가 강 린포체(카일라스) 어디서 수행을 했을까? 당시에는 꼬라를 할 수 있는 길이 완성되지 않기에 의심할 여지가 없이 바로 이 자리 내원內院이며, 현재 쎌룽 곰빠에서 북쪽으로 삼십분 정도 올라가면 좌측 계곡 위로 한 눈에 보아도 수행길지가 있다. 더 오르면 기후가 급변하고 물을 얻기 어렵고 햇볕 또한 구름으로 인한 산란이 자주 일어나 어둑하여 수행에 적절하지 않고, 수행자들이 나체거나 얇은 옷인 경우 수행에 더욱 장애가 올 수 있다. 바로 이 일대가 수많은 힌두교도들이 찾아오고, 마하비르를 포함한 티르탄카라들이 찾아와 수행했던 자리이며 신과 합일을 이루며 낡은 육신을 벗었던 자리라는 것을 직감적으로 알 수 있다. 그들의 만뜨라가 수많은 바위들에 각인되었고 은밀하게 농축되어 이제 그들의 도력이 바람 속에서 옛이야기를 풀어놓는다.

자성청정의 연꽃의 깊숙한 곳에 들어온 기분이라 내게 번뇌의 화택은 없다. 풍경이 나를 구원한다. 뭉쳐졌던 구름들이 흩어지자 청정한 연꽃이 안개 속에서 드러나듯 산의 모습이 청량하게 제 모습을 갖추기 시작한다.

자이나교는 내게는 가르침을 여럿 주었다. 그 스승들이 앉았던 자리에 찾아오니 감회가 심히 깊어진다.

◉ 37

내 마음은 호수, 마빰 윰쵸[마나사로바]

三界無法 何處求心 삼계가 다 텅 비어 있으니 어디서 마음을 찾겠느냐?

—반산

마나사로바는 우리의 고향이었다

● ● ●

뿌란자나Puranjana라는 위대한 명성을 가진 군주가 있었다. 그는 살기 좋은 도시를 찾아 유랑하다가 히말라야 남쪽 바라타 바르샤에서 자신의 입맛에 딱 맞는 도시를 찾아낸다. 현지인들은 이 도시를 보가야타남Bhogayathanam, 뜻을 그대로 풀자면 '기쁨을 누리는 육체의 숙영지'라 불렀다. 이곳은 이름대로 사치스러운 물건들, 욕망을 채워주는 값비싼 보화들이 가득했다. 성채는 다섯 개의 요소로 만들어졌으며, 도시는 9개의 문이 뚫려 있었고, 안으로 들어가면 도시 위편에는 7개의 구멍 아래에는 2개의 구멍이 자리 잡았다.

뿌란자나는 자신의 취향에 기막히게 맞아떨어지는 이 도시를 산책하다가 뿌란자니Puranjani라는 매력적인 공주를 본다.

이쯤 되면 신화의 골격이 드러난다.

즉 5개 요소의 성벽과 9개 문, 그리고 9개 구멍은 무엇일까?

사람의 몸이 아닌가.

거기에다 뿌란자나Puranjana의 여성형 뿌란자니Puranjani가 등장하니 예측이 쉬워진다. 그 둘은 한 눈에 서로 반해 결혼하고 100년 동안 이 나라를 함께 다스리며 산다. 즉 뿌란자나라는 신성을 품은 영혼이 뿌란자니라는 육체를 만났다는 상징이며 수명은 1백년이라는 이야기다.

그동안 뿌란자나 왕은 아내 뿌란자니에게 푹 빠져 그녀가 먹으면 먹고, 그녀가 웃으면 웃고, 마시면 마시는 삶을 살았다. 자신이 가지고 있던 '고요한 본성' 을 잃고 힘을 필요없는 곳에 낭비하며 욕망을 충족시키면서 세월을 허송했으니 육체를 따라 정신이 이리저리 끌려다니고 휘둘린 셈이다.

그러나 때가 왔다.

'세상을 파괴하는 힘' 그리고 '애를 낳지 못하는' 두루바가Durbhaga와 '죽음의 공포' 쁘라자바라Prajavara는 이 도시에 이르러 마구 파괴를 시작했다. 뿌란자나 왕은 '나와 나의 것' 인 도시를 위해 필사적으로 저항했으나 이것이 어디 되는 게임인가. 평소 자신을 지지하던 대신, 하인, 심지어는 자식조차 말을 듣지 않았다. 그에게 남겨진 단 하나의 방법이라고는 이 도시를 버리고 떠나는 일이었으니 바로 육신을 버려야 하는 죽음이 들이닥친 것이다.

그는 도시를 떠난 후 방랑한다. 말하자면 죽음 이후 사후세계다.

아내와 함께 하고 싶은 욕망, 몸을 가지고 싶은 욕구가 멈추지 않았다. 기어이 환생還生, 의식이 육신을 다시 받았으니 이번에는 비다르바 왕의 딸로 태어났고 이름은 바이다르비Vaidharbi, 즉 '정신적 지식을 탐구하는 여자'

였다.

그녀는 세월이 지나자 이웃나라 왕자와 결혼했다. 왕자는 왕에 오르고 선정을 베푼 후 다르마에 따라 왕위를 아들에게 넘기고 출가의 길을 걸었다. 그동안 조용히 내조했던 바이다르비는 당연히 뒤따라 나섰다.

남편은 숲에서 점차 수행의 강도를 높였다. 한때 국왕으로 나라를 지배하던 당당한 몸매는 사라지고 나뭇잎과 약초만 먹으니 몸은 점점 야위어갔다. 그러다가 어느 날, 더위와 추위, 굶주림과 갈증, 그리고 고통을 이겨내며 자신의 육체, 감각 모든 것을 통제하게 되더니 신적인 존재 사마다리시 Samadarsi에 이르렀다. 드디어 신과 하나가 되어 몸을 남겨두고 신의 세상으로 훌쩍 떠나가 버리고.

그녀는 요동조차 없어진 남편 몸이 점점 차가워지는 것을 느꼈다. 바이다르비는 암사슴처럼 슬피 흐느끼다가 이제는 마구 울부짖으며 가슴을 쥐어뜯었다. 자신이 의지할 사람이 없어졌다는 생각에 삶의 모든 의욕을 잃었으니 이제 마지막 방법으로 기름을 모아 남편의 몸에 붓고 자신 몸에도 뿌렸다. 뒤따라 죽을 생각이었다. 얼마나 오랫동안 이 남자를 따라 살아왔던가, 그가 없는 이 세상이란 무슨 의미가 있다는 말인가.

막 불을 붙이려는 순간, '알려지지 않은 신의 원리' 라는 의미의 아비그나타Avignatha가 수행자 복장으로 그녀 앞에 홀연히 나타났다. 아비그나타는 현재 바이다르비 기억에서는 지워졌으나 과거 뿌란자나 왕과는 절친한 사이였다.

아비그나타는 물었다.

"훌륭한 여성이여! 그대의 이름은 무엇입니까? 그대의 딸 이름은 무엇입니까? 죽은 사람 이름은 무엇입니까?"

그녀는 갑자기 눈앞에 나타나 이야기를 건네는 수행자를 바라보며 불을 붙이려는 동작을 멈추었다. 그는 지금 막 죽으려는 자신의 이름을 묻고 있었다. 의미 깊은 질문이었다.

이름이란 도대체 어떻게 주어지는 것일까? 이름이란 정말 나일까? 이제 죽는 순간에 생각해 본다면 제대로 된 사람이라면 어지럼증을 느끼지 않을 수 없으리라.

이런 글을 읽으면 스스로에게 물어보아야 한다.

"임현담은 무엇인가?"

"나의 아이는 무엇인가?"

특히 여기에서 '누구인가?'를 묻지 않고 '무엇인가?' 물었음을 주의해야 한다. 꼼꼼하게 읽으며, 신중하게 생각하지 않는다면 신화는 다 헛소리이며 소일거리에 불과하니 TV 드라마 정도의 값어치에서 더 나가지 못한다.

"그대는 감각적 쾌락을 위해 절친한 친구였던 나, 아비그나타를 떠난 것을 기억할 수 있습니까?"

그녀는 생각에 잠긴다.

이 이야기는 감각적 쾌락을 따라나선 것, 즉 몸을 받아 자신과 헤어진 것을 말하는 것이다.

"그대와 나는 마나사로바에 살던, 그곳의 주민이었던 백조白鳥였습니다."

이제 아비그나타는 거침없이 말을 쏟아낸다. 이 이야기는 신성을 잃고 인간의 삶으로 계속 윤회하는 이야기의 비유다.

"우리는 마나사로바에서 수천 년을 함께 살았지요. 그러나 당신은 나를 떠나 속세의 인간적 쾌락을 좇아 이 생존경쟁이 치열한 싸움터에 왔습니다. 당신은 많은 상인이 있고 시장이 있었으며, 즐거움이 가득한 정원이 있었고, 더불어 9개의 문이 있는 보가바티라는 성을 기억합니까? 그곳에서 그대는 아름다운 뿌란자니를 보았고 그녀의 유혹에 빠져 당신의 신성과 『베다』 가르침을 잊었습니다. 그녀와의 결합이 결국 이처럼 슬픔을 가져다주었습니다."

그녀는 이제 희미하게 기억이 돌아온다.

지금 느끼는 남편의 죽음에 따른 슬픔이란 모두 자신이 몸을 받고 태어나 만들어진 현상이다. 더불어 이런 슬픔은 삶을 거듭한다면 계속 만나야 하는 것들.

아비그나타의 이야기가 이어진다.

신성-브라흐만에 대한 표현이다.

"진실로 그대는 주인이며, 참된 본성은 신과 똑같은 그대의 아뜨만입니다. 그대는 비다르바 왕의 딸이 아니며, 그대 남편의 아내도 아닙니다. 당신의 아내는 뿌란자니가 아닙니다. 그대는 남자도 아니고 여자도 아닙니다. 그대는 함사, 즉 백조입니다. 그대는 나이고, 나는 그대입니다."

개인의 영혼 아뜨만은 브라흐만과 다르지 않다는 이야기다. 그녀는 자신을 태워버리려고 뿌렸던 기름을 씻어내며 이제 자신이 누구인지 알았고

강 린포체[카일라스]와 구르라 만다타 연봉 사이에 놓인 발카평원. 멀리 산 아래 일직선으로 달리는 파란 줄이 호수다. 힌두 신화에서 이 평원은 한때 신과 악마 사이의 커다란 전쟁터였다. 오후가 되면 이 평원에 광풍이 불어 신화시대의 그날을 기억하도록 만든다.

앞으로 가야 할 길이 어느 방향인지 명확히 인지했다.

그러나 육신은 이렇게 남아있지 않은가. 그러니 위대한 따빠스〔苦行〕를 시작하며 이름 그대로 바이다르비, 즉 정신적 지식을 탐구하는 여자로 용맹정진했다. 그녀 앞에 기다리고 있는 것은 오로지 브라흐만, 때가 되어 그녀는 조용히 신의 세계로 들어가 다시는 인간계로 돌아오지 않았으니 마나사로바로 영원히 되돌아갔다.

힌두교 신화에 따르면 모든 사람은 바로 뿌란자나이며 바이다르비.

나는 이름을 바꾸어가며, 성城을 소유하는 즐거움을 찾아 방황하는 나그네.

나는 전에 살았던 내 고향을 바라본다.

마나사로바Manasarovar.

이곳이 내가 노닐던 옛 고향이란다.

백조는 아름답다. 더불어 물이 차거나 따뜻하거나, 밤이나 낮을 가리지 않고 호수에 떠다닐 수 있으며, 깃털은 물에 젖지 않고 이 세상(지상)과 또 다른 세상(수면하)을 연결한다. 위대한 힘을 가진 물을 밀어낼 수 있는 능력과 힘을 가지고 있으며 그 힘으로 앞으로 나간다. 이런 이유로 백조 혹은 야생거위는 우주에 편재한 신성, 브라흐만과 연관을 가진다. 가장 높은 경지에 도달한 수행자들을 빠라마함사paramahamsa 즉 가장 높은 위대한 거위, 가장 높은 위대한 백조라 부르는 이유가 그것이다.

나도 한때 백조였단다.

그런데 이렇게 몸을 받아 육체의 눈으로 고향 마나사로바를 바라보고 서있다.

마나사로바는 눈으로 가늠하기에는 어림없이 넓다. 푸르고 더욱 푸르러 그 어떤 말로도 표현하기 어려운 광활한 호수가 눈앞에 펼쳐진다. 해발고도는 4천582미터. 태어나서 처음 보는 넓은 고원호수다. 호수 위로는 수많은 새들이 작은 종이배처럼 점점이 떠 있으니 그 중에 백조도 있지 않겠는가. 저 수상한 점들을 잘 이어나가 독해한다면 신의 뜻을 알 수 있겠는가.

하늘에서 내려다보면 호수는 우주를 응시하는 거룩한 눈동자로 보일 것이다. 우주비행사들은 궤도에 올라가면 자신이 꼭 바라보고 싶은 지점이 하나쯤 있어 시간에 맞춰 지구를 내려다본단다. 내 경우는 바로 마나사로바와 강 린포체(카일라스)다. 시시껄렁에 가관이 더해진 고향인 서울을 바라보아야 뭣하겠는가.

힌두교에서는 신화로, 그러나 불교에서는 법문을 통해 보다 진중하게 뿌란자니에게 매달린 뿌란자나에 대해 사부대중에게 경고한다. 늘 가슴에 담아두어야 할 전대의 티베트의 스승 톱뗀 가쵸 말씀이다.

우리들 가운데 대부분의 사람들은 영원한 행복의 원천인 정신수행에 관심을 기울이지 않은 채 일생을 보낸다. 아침과 오후와 저녁나절들이 그렇게 흘러가고, 머지않아 곧 더 이상 남는 세월이 없게 된다.

그러나 현실은 그렇게 간단하지 않다. 뭔가가 남는다. 정신은 영적 수련에 의해 단련되지 않으면 어느새 나쁜 습관들을 쌓게 되고, 이 습관들은 언행에 나쁜 영향을 주게 된다. 때로는 하루 종일 정신이 어둡에 팔려 있기도 한다. 그런 날들이 달이 되고, 그런 달들이 해가 된다. 인생을 온통 그렇게 허비하여, 진정한 사상은 정오의 별처럼 희귀해진다.

어느 날, 죽음의 얼굴이 우리 앞에 나타난다. 신체 곳곳이 느슨해지고 사지가 활력을 잃는다. 입술이 마르고 지독한 갈증이 우리를 사로잡는다. 생의 덧없음이 온통 우리를 침잠시킨다. 우리는 우리의 과실을 후회한다. 우리는 우리의 이해력에 매달리고, 도움을 구하고, 정신의 은신처들에게 호소한다.

한데 사실 우리에게는 이 생과 다음 생에서 여러 가지 혜택을 움켜쥘 기회가 있었다. 그런데도 우리는 그것을 무심히 외면해버렸다. 이제는 뭔가 바꾸기에는 너무 늦어버렸다. 부정적 결과들로 가득한 우리의 생과 은신의 대상들은 이제 더 이상 우리를 우리 자신이 지은 업보의 미로에서 우리를 구해줄 수가 없다.

스승은 너무 늦었다는 후회가 없어야 함을 말씀하신다. 뿌란자나가 아니라 정신적 지식을 탐구하는 바이다르비로 살아야 하며, 육신이 원하는 바에 이리저리 끄달려 살다가는 갑자기 닥치는 죽음을 그대로 받아 이 성을 지키고 저 성을 지키면서 유랑하는 윤회의 길을 쉼없이 가야 한다고 경고하신다.

더불어 자신이 그런 속박을 벗어났다면 아비그나타처럼 자비심을 내어 '가테가테 파라가테〔가자 가자. 피안으로 함께 가자〕' 다른 사람들도 대승의 길로 안내해야 하리라.

마나사로바와 관계된 힌두 신화는 매우 많아 나열하기 어렵다. 반면 불교에서는 소박하여 붓다의 어머니 마야부인이 이곳에서 목욕한 꿈을 꾼 후 붓다를 잉태했다는 설화 이외 크게 알려진 것은 없다. 즉 위대한 보디삿뜨바가 궁극의 깨달음을 얻기 위해 태어나고자 했으니 여인의 몸이 필요했고, 마침 꿈에서나마 수호신들에 이끌려 팔리어로 아노땃따Anotatta, 즉 마빰 윱쵸[마나사로바]에서 목욕한 후 모든 죄가 사라진 마야부인의 몸으로 들어왔다는 것.

불교에서도 이 호수에서의 목욕이 모든 죄를 사해준다는 생각을 하고 있다는 반증이다.

마나사로바는 죄를 씻는 곳

어느 날 지혜의 최고 권위자 격인 치트라케투Chitrakethu가 천상의 마차를 타고 카일라스 부근을 지나간다. 마침 카일라스에서는 신과 성자들의 모임이 있었다. 그런데 다른 존재들은 모두 단정하게 앉아 있는데 쉬바신의 아내 우마는 쉬바신의 무릎위에 앉아 있는 것이 아닌가. 치트라케투는 그냥 입을 다물었어야 했는데 그 자리에서 박장대소하며 '우마가 쉬바의 무릎에 앉아있다!' 고 큰소리를 냈다.

쉬바는 미소를 지었다. 그러나 우마는 쉬바의 무릎에서 내려와 분노했다.

"이 친구가 바로 신들에게 올바른 행동을 하게 하는 책임자란 말인가? 브라흐마를 비롯한 모든 신들과 성자들이 무엇이 그르고, 무엇이 옳은지 모른다고 생각하는가?"

상대는 요즘 말로 이야기하면 신과 성자들의 윤리위원장 혹은 규찰대장 정도가 되겠다. 우마는 자신의 행동이 정당했다는 주장을 하더니 이제 한 술 더 뜬다.

"이 친구는 거만하다. 쉬바신 발밑에 있는 연꽃제단이나, 비슈누의 발아래 조아리며 경배를 올리기는 적절하지 못하다. 악마로 태어나도록 하겠다."

저주가 떨어졌다. 신들의 저주는 피할 수가 없다. 치트라케투는 이야기를 모두 듣고, 마차에서 내려와 우마 앞에 무릎을 꿇었다.

"여신이시여, 나는 당신의 명령에 합장하며 받아들입니다. 변명과 용서를 구하지 않겠습니다. 당신과 같은 신들이 한 번 명령한 것은 운명처럼 결정된 것입니다."

저주를 받아들이겠다는 이야기를 한다. 이어 이미 도통한 사람, 즉 경지에 오른 사람답게 담담하게 이야기를 잇는다.

"개인의 영혼인 지바jiva는 (나누어지지 않는) 신의 섭리에 따라 비애와 슬픔, 기쁨과 즐거움을 맛보며 괴로워할 뿐입니다. 무지한 사람들은 그들이 고통 받고 괴로워한다고 생각하지만, 사실 개인의 영혼은 어떠한 상태에서도 괴로워하지 않습니다. 그것은 느낌일 따름입니다."

이 이야기는 우리가 아무리 기뻐하고, 슬퍼한다고 하지만 영혼은 그렇지 않다는 것이다. 신성 브라흐만으로 만들어진 내 안의 신성 아뜨만은 청청하기에 기쁨, 슬픔 등등에 오염되지 않는바, 다만 세상의 범부중생은 느낌을 받고 영혼이 상처받는다고 여긴다는 이야기.

자신은 이미 그것을 알고 있기에 당신의 저주로 인해 악마로 태어나도 별다른 문제가 없다는 말을 던지니, 여신에 대한 대꾸치고는 뼈대가 있고 수준 있는 답이다.

그는 눈앞에서 사라져버린다.

우마는 분을 가라앉히지 못한다.

이제 쉬바가 우마에게 말한다. 중요한 이야기다.

"우마여, 그대는 나라야나 신의 위대한 경배자를 만나 보았는가?"

나라야나는 힌두교의 삼신三神 중에 유지를 담당하는 비슈누의 다른 이름이다. 비슈누의 경배자들, 즉 두타고행 수행자들을 말하니 치트라케투도 여기에 속한다.

"그들은 어떠한 목숨도 아끼지 않고, 군대도 무서워하지 않으며, 죽음이나, 천국 그리고 지옥도 두려워하지 않는다. 그들에게 그것은 모두 같은 것이다."

이것 참 멋지지 않은가. 삶이나 죽음이나, 천국이나 지옥이나 다 같다. 그들은 말한다.

지옥? 애초에 그런 것은 없었으나 다만 네 구차한 생각들이 그것을 만들 따름이다. 불교 선사들과 똑같다. 우마가 저주를 퍼부어 얼마 후에 악마로 태어나도록 했지만 그에게는 아무런 문제가 되지 않으니 어디서나 여여如如하다는 이야기다.

"기쁨이나 고통, 혹은 두려움은 육체에서 나타나는 마야[幻]일 따름. 그런 것들은 다 무지에서 비롯된다. 새끼줄을 뱀으로 착각하듯이 기쁨이나 고통은 영혼에 속하는 부산물[마야]이다. 그들은 어떠한 몸을 갖든지 공포심을 느끼지 않고 두려워하지도 않는다."

사실 치트라케투는 힘으로도 우마에게 조금도 밀리지 않아 대항할 수 있었다. 자신에 대한 모욕으로 받아들여 완력을 통해 보복이 가능했으나 그런 것들은 모두 부질없는 것이 아니던가. 그는 어디를 가든지 무엇으로 태어나든지 문제가 없는 성자였다.

우마는 분을 가라앉혔다.

치트라케투는 우마신의 저주대로 얼마 후 트바스타Tvastha가 주재한 희생제에서 활활 타오르는 불꽃으로부터 다시 태어났다. 불에서 출생했으니 모든 신을 잡아 삼킬 수 있는 힘을 가진 악마였다. 이제 새롭게 받은 이름은 브리트라Vritra. 그러나 그는 악마의 몸을 가졌으되 순수한 영혼이 있었고 전생에 위대한 성자들로부터 배운 지혜와 영적인 지식은 그대로 품고 있었다.

결국 세월이 지난 후 번개를 무기로 가진 인드라의 도전으로 맞붙게 되었다.

브리트라는 인드라에게 이야기한다.

"만약 욕망과 감각적 쾌락을 모두 배제한다면 싸움에 응하겠다."

즉 이기려는 욕심과 전쟁 자체에서 승리를 통한 쾌감을 추구한다면 싸우지 않겠다는 의미다. 어떤 악마는 이렇게 당당하다.

브리트라와 인드라는 드디어 결전에 돌입했다. 결국 인드라에 의해 목이 떨어진 브리트라는 자신의 최고 신, 나라야나[비슈누] 만뜨라를 외우면서

신의 세상으로 다시 떠났다. 우마 여신을 향해 웃었다는 이유로 악마로 태어났으나 그 업을 신속하게 갚고 다시 천상으로 되돌아갔다.

고대 인도의 성聖과 속俗을 이어주는 최고의 법전인 『마누 슈르띠Manu sruti』, 즉 『마누법전』에서는 죄를 지은 후 반드시 속죄를 해야 하는 경우가 나열되어 있다.

브라흐민〔司祭〕을 살해하는 자

술 마시는 자

도둑질을 하는 자

스승의 잠자리를 더럽히는 자

그 중에 가장 먼저 나오는 위중한 사대죄四大罪는 브라흐민〔司祭〕의 살해. 비록 악마였으나 브리트라의 계급은 브라흐민이었으니 인드라는 승리의 안도도 잠시, 깊은 고통과 비탄 속으로 빠져들었다. 방법은 속죄 이외에는 없었다.

힌두교도들에게 물어본다.

"속죄를 한다면 어디가 제일 좋을까?"

그들이 첫손가락으로 꼽는 곳은 당연히 카일라스 혹은 마나사로바.

인드라는 바로 이곳 강 린포체〔카일라스〕 앞의 호수, 마나사로바로 찾아왔다. 창조의 신 브라흐마의 무구한 마음으로 만들어진 이 호수에 피어난 연꽃 물밑 줄기 속으로 들어가 천 년 동안 고행, 명상 그리고 기도했다. 천

번의 혹한이 찾아와 몸을 꽝꽝 얼렸고, 험한 우박이 떨어지기도 했으며, 건조한 삭풍이 몰아쳐 물밑까지 흔들렸다. 브라흐마의 마음은 본디 절대 순수이며 그 마음으로 만들어진 호수에 몸을 담그는 일은 바로 순수로 귀환이었으니 인드라 마음이 그렇게 될 때까지 얼고, 녹고, 다시 얼면서 순화를 거듭했다.

그의 죄는 차차 사라졌다. 평소 자신의 힘만 믿고 교만했던 인드라는 이 사건을 통해 보다 진중해진 존재로 재탄생하게 된다. 브리트라는 악마였으나 신의 섭리에 따라 상대를 교화시키는 임무를 충분히 수행했다. 힌두교에서 악마는 악마로서 가치를 갖는다.

이 사건의 시초는 강 린포체〔카일라스〕를 지나가던 치트라케투였고, 마지막 종지부는 이렇게 마나사로바에서 고행을 마치고 젖은 몸으로 밖으로 나오는 인드라.

그렇다면 잠깐 단군檀君 신화를 살펴본다면 인드라는 제석천이며 바로 환인桓因이고, 그의 서자 환웅桓雄이 태백산 신단수 밑으로 내려오게 된다. 티베트의 강 린포체〔카일라스〕 북방을 수호하는 인드라〔제석천 환인〕, 또 그 이전에 브리트라를 죽인 대가로 마빰 윰쵸〔마나사로바〕 안에서 정진했던 인드라〔제석천 환인〕를 본다면, 우리 민족과 티베트 오지가 신화적으로 전혀 무관한 것이 아니다. 즉 인드라〔제석천 환인〕의 거처가 강 린포체〔카일라스〕라면 그의 아들 역시 그곳에서 살았을 터이니 신화를 그대로 받아들인다면 한민족의 신화적 뿌리가 어디와 상통하는지 추측이 가능하다. 그러나 인드라의 기원을 더 찾아 나서면 아리안들의 『리그베다』 시절까지 추적이 가능하고, 신화

뿌리를 더욱 거슬러 오르면 힌두쿠시 북쪽 중앙아시아 초원까지 올라갈 수 있다.

더불어 기원전 1400년 전에 점토판에 처음 등장한 인드라는 초기 인도 신화에서 폭력적인 군신軍神으로 위세를 떨치다가 차차 지위가 약해지며 결국 동쪽을 지키는 수호신으로 자리 잡는다.

반면에 불교에서는 인욕, 보시 그리고 자비로운 존재로 변하며 현재 강린포체〔카일라스〕 정상의 도리천의 선견성善見城 안의 선견당善見堂에 거주하고 있다.

마음으로 만들어진 호수

● ● ●

브라흐마는 자신의 마음을 내어 호수를 만들었다. 자신의 일곱 아들이 카일라스에서 수행하고 내려오면 따빠스〔苦行〕로 인해 더워진 몸을 담가 목욕할 곳이 전혀 없었기에 자신이 마음을 내어 거대한 하늘호수를 만들었다. 아들들은 격렬하게 달구어진 몸을 이 호수에 담그며 아버지를 찬양했다.

이 물에 몸이 닿거나 목욕을 하게 되면 브라흐마의 천국에 들어갈 수가 있고, 마시게 되면 수백생의 모든 죄가 사해진 채 쉬바신의 집에 들어갈 수 있다고 힌두 스승들이 말하는 이유는 다시 나열하면 중언에 부언이다.

호수에 관한 신화는 끝이 없지만 가슴에 두 신화만 담아도 넉넉하다. 힌두교인들이 물에 들어가 목욕하고 만뜨라를 외우며 두 손을 합장하고 강 린포체〔카일라스〕 방향으로 서서 경전을 외운다. 그리고 물을 담아 나온다. 산책하는 사람들도 있다. 모두 행복한 표정이다. 저렇게 성지를 찾아 죄가 모두 사해졌다는 느낌. 비록 의식의 밑바닥에는 까르마 찌꺼기가 남아 있을지라도 주일마다 자신의 가슴을 치며 내 탓이요, 내 탓이요, 내 큰 탓이로소이다, 스스로 죄인선언을 하며 암시를 주는 일보다 이렇게 한껏 씻어내고 후련하게 돌아가는 순례가 정화의 면에서 한 수 위로 보인다.

마나사로바의 마나manas는 마음〔心〕이며 사로바sarova는 호수이니 마나사로바는 심호心湖. 유식학파에서는 마나는 말라식末那識, 즉 의식의 7번째 식識으로 대상을 인식하는 역을 떠맡는다. 덕분에 사량분별을 일으키는바, 좋은 대접을 받지 못하는 경향이 있으나 힌두교에서 마나는 엄격히 말하자면 우리의 심心이 아니라 마음 이전의 '어떤 것' 이다. 이것은 변하는 항상성을 가지고 있기에 이전 경험들의 잔상들이 어김없이 그리고 남김없이 쌓이고 모여 있어 이것들이 차차 다른 세계를 창조해 나간다.

호수 옆에 앉아 호수를 바라다본다. 얼마나 넓은지 바다 같다. 마음 역시 그러하지 않은가. 끝 가는 곳을 모른다. 호수 표면에는 바람에 의해 수없이 물방울이 일어나고 사라져 간다. 호숫가로는 철썩이는 파도가 밀려왔다가 되돌아가며 호수는 바람, 구름, 햇살에 의해 쉬지 않고 변화하니 이것 역시 브라흐마의 마음이며 내 마음과 닮은꼴이다. 마음이 이루어내는 일은 한이 없고 끝이 없으니 내가 마음먹지 않았다면 어디 여기까지 왔겠는가, 이렇게 나를 멀리까지 이끌고 와 호수를 바라보게 만든 힘 역시 마음이다.

마음은 모든 성자들의 근본이며, 모든 악인들의 밑그림이다.

창나 도제〔金剛手〕가 세존에게 마음〔心〕에 대하여 설해주시기를 원하자 설명한다. 『대일경』 「입진언문주심품入眞言文柱心品」에 나오는 이야기로 곰곰이 살펴볼 가치가 있다.

흐름을 따라 일어난 마음의 모습은 탐내는 마음〔貪心〕, 탐욕을 떠난 마음〔無貪心〕, 성내는 마음〔嗔心〕, 자애로운 마음〔慈心〕, 어리석은 마음〔癡心〕, 지혜로운 마음〔智心〕, 결정된 마음〔決定心〕, 의심하는 마음〔疑心〕, 어두운 마음〔暗心〕, 밝은 마음〔明心〕, 쌓아 모으는 마음〔積集心〕, 싸우는 마음〔鬪心〕, 다투는 마음〔諍心〕, 다툼이 없는 마음〔無諍心〕, 하늘의 마음〔天心〕, 아수라의 마음〔阿修羅心〕, 용의 마음〔龍心〕, 사람의 마음〔人心〕, 여자의 마음〔女心〕, 자재하려는 마음〔自在心〕, 상인의 마음〔商人心〕, 농부의 마음〔農夫心〕, 하천의 마음〔河心〕, 방죽의 마음〔陂地心〕, 우물의 마음〔井心〕, 수호하는 마음〔守護心〕, 인색한 마음〔慳心 〕, 개의 마음〔拘心〕, 삵괭이의 마음〔狸心〕, 가루라의 마음〔迦樓羅心〕, 쥐의 마음〔鼠心〕, 노래하는 마음〔歌詠心〕, 춤추는 마음〔舞心〕, 북치는 마음〔擊鼓心〕, 집의 마음〔室宅心〕, 사자의 마음〔獅子心〕, 올빼미의 마음〔鵂心〕, 까마귀의 마음〔烏心〕, 나찰의 마음〔羅刹心〕, 가시마음〔刺心〕, 굴의 마음〔窟心〕, 바람의 마음〔風心〕, 물의 마음〔水心〕, 불의 마음〔火心〕, 진흙의 마음〔泥心〕, 따라서 빛을 내는 마음〔顯色心〕, 판자의 마음〔板心〕, 미혹한 마음〔迷心〕, 독약의 마음〔毒藥心〕, 밧줄의 마음〔索心〕, 묶음틀의 마음〔械心〕, 구름의 마음〔雲心〕, 밭의 마음〔田心〕, 소금의 마음〔鹽心〕, 칼의 마음〔弟刀心〕, 수미산과 같은 마음〔須彌等心〕, 바다와 같은 마음〔海等心〕, 구멍과 같은 마음〔穴等心〕, 태어남을 받는 마음〔受生心〕 등이다.

마빰윰초〔마나사로바〕를 한 번 도는 거리는 100킬로미터 가까이 이른다. 호수 주변의 사원들과 촐뗀은 순례자들이 쉬어가거나 하룻밤을 묵어가는 이정표다. 치우사원 앞쪽의 전경. 호수는 오늘도 변함없이 푸른빛으로 순례객을 반기며 많은 사람들의 치성을 받았던 작은 촐뗀이 여법하고 여유롭다.

마음에 대해 꾸준한 관찰이 없었다면 이런 분류조차 없었을 테니 대단한 위빠사나다. 무릇 수행에 뜻을 둔 사람이라면 바라보는 일〔觀〕을 잘해야 한다고 말한다. 이어서 생각을 멈추고 나면 안은 물론 바깥의 무엇에 대한 주객의식이 사라지고 이것이 바로 바로 무아이며 무심이라 쉼 없이 설해 왔다.

모든 것을 버려놓고 바라본다. 생각이 일지 않아 호수와 불이不二의 시간을 가질 수 있다면 자아 따위가 어디 있겠는가. 위에 나열한 마음들이 모두 어디로 갈까, 하나로 모아지리라. 모든 수포, 물결은 호수 하나에서 일어날 따름.

호수의 바람이 내 안에도 있고, 호수의 새들과 내 안에서 날아오른다. 호수의 햇살과 호수의 떨림이 어찌 바깥에 있을쏘냐. 이제 이미 나는 서서히 마나사로바. 다양한 마음을 손쉽게 다루는 방법을 이 자리에서 호수가 친절하게 알려주고 있다.

티베트불교에서 물의 의미는 깊다

마음의 종류를 살핀 것처럼 물의 성품을 관찰한 비유의 천재들은 물을 이렇게 풀어낸다.

물의 성질이란〔水性〕 맑고 고요하기에 그곳에 모든 색이나 모습이 나타날 수 있다〔大圓鏡智〕.

일체의 이런저런 것들이 물에 비칠 때는 아무리 높은 산이나 낮은 사람이라도 고하가 없이 평등하게 나타난다〔平等性智〕.

물속에 색상차별이 완전하게 비춘다〔妙觀察智〕.

모든 살아있는 것들은 물을 먹고 성장한다〔成所作智〕.

물은 세상에 없는 곳이 없게 여기저기 퍼져있다〔法界體性智〕.

Adarsa jnana〔大圓鏡智〕, Samata jnana〔平等性智〕, Pratyaveksana jnana〔妙觀察智〕, Krtyanusthana jnana〔成所作智〕, 이렇게 넷은 사지四智이며 '법계체성지法界體性智' 까지 포함하면 오지五智가 된다.

티베트불교에서 오지五智라는 것은 추상적인 무엇이 아니라 구체적인 것으로 금강계의 다섯 붓다〔五佛〕이며 동시에 우리 자신이 갖추고 있는 것이라는 이야기가 뒤따른다. 불성佛性을 깊이 생각하면 이해가 간다.

쉽게 이야기하면 이렇다.

"내 마음이 저 호수처럼 맑고 고요하면 그곳에 모든 색이나 모습이 그대로 드러나고, 일체의 이런저런 것들이 그런 마음에 비친다면 아무리 높은 산이나 낮은 사람이라도 고하 없이 평등하게 나타나며, 그 어떤 존재도 차별이 있을 수 있겠는가. 세상의 그런 마음은 넓고 공평하며, 여여하게 펼쳐져, 생각해보라, 그것이 바로 불성이며 붓다가 아니겠는가. 그것은 이미 내가 가지고 있는 것."

위의 '오지'는 유명한 이야기로 「비장기秘藏記」에 나오는 것이다.

호수 주변을 힌두교도들이 산책하고 있다. 힌두교에서 창조를 담당하는 브라흐마가 자신의 마음을 통해 거대한 호수를 만들었기에 힌두교 절대성지 중의 하나다. 많은 신화와 사연이 녹아 있는 마나사로바. 호수 이름을 입에 올리는 일만으로도 공덕이었는데, 이제 이곳을 걸으며, 손과 발을 닦고, 안으로 들어가 몸을 담을 수 있으니 힌두교도들에게 이곳에서의 모든 일들은 마치 꿈만 같지 않겠는가.

오랫동안 이런 내용이 있는지조차 몰랐다가 티베트 여행을 준비하면서 만났다. 그리고 마빰 윰쵸[마나사로바]에서 기억력을 시험하며 위의 다섯 가지 붓다에 대해 곰곰하게 꺼내 비교한다.

복잡한 티베트불교에서는 5지, 5부 더불어 저렇게 5불까지 나오며, 더불어 제불, 보디삿뜨바, 분노존, 수호존, 호법존, 조사, 나한 등 어마어마한 숫자를 자랑하지만 이를 모두 섭攝하면 5부 5여래이며, 5여래를 다시 섭하면 본질, 본초불 하나가 된다. 그러므로 본초불 하나에서 시작되어 수많은 제불제존이 등장하는 것이다.

종요宗要라는 말은 종지宗旨의 요긴한 뜻이라는 의미로 원효는 『법화경 종지』, 『열반경 종지』 등 17가지 종요를 저술했다. 엄밀히 보자면 종種이라는 의미는 다[多]를 향해 펼쳐지고 전개되는 것이며, 요要는 하나[一]로 통합되는 것을 상징한다. 티베트불교에서 다양한 제신들이 나뉘었다가 다시 하나로 섭攝되는 일은 붓다 일심一心의 종요일 따름이다. 그런 일심을 지나 순야타[空]에 들어서면 그 어느 것도 이것을 파괴시키거나 이기거나 정복할 수 없으니, 정복되지 않음이라는 의미의 마빰mapam이라는 호수 이름이 흥미롭지 않은가.

호수 위에 서로 격이 다른 푸른빛이 한가득 절묘하다. 가슴이 탁 트여 개운하고 개활해진다. 크기로 치자면 얼마나 되는지 가늠조차 할 수 없어 시선을 곁눈질해도 계속 호수 안이다. 이 호수를 중심으로 이 일대에서 강들이 일어나 아시아의 중요한 혈맥이 되니 양수와 같은 근원에서 하나[一] 근원의 의미를 되새긴다.

힌두의 마음과 시원, 불교에서의 일심, 그렇게 큰 것이 호수가 되었는 바 저렇게 적요하며 담담하다. 내 뿌란자나를 기어이 저렇게 광활한 자리에서 여여를 누리도록 권유하고 싶지 않은가, 다섯 가지 지혜가 하나 된 경건한 넓이와 깊이.

"네 자신이 마빰 윰쵸(마나사로바)가 되어라."

이번 여행의 마지막 무렵, 호수가 손수 일러주시는 말씀을 받아든다.

마빰 윰쵸(마나사로바)는 호수가 아니라 대가람이다.

譬如工畫師 及與畫弟子	그림 그리는 사람과 그의 제자들이
布彩圖衆形 我說亦如是	색깔과 형상으로 여러 가지 그림을 그려내듯이, 나의 가르침 또한 이와 같다.
彩色本無文 非筆亦非素	색은 본래 무늬가 없으며 붓도 아니고 종이도 아니다.
爲悅衆生故 綺錯繪衆像	오직 중생을 기쁘게 하기 위해, 여러 가지 세상 모습을 그려내는 것뿐이다.

—『능가경』

능력이 부족하다

독실한 힌두교인들은 사는 동안 단 한번만이라도 두 눈으로 강 린포체〔카일라스〕와 마빰 윰쵸〔마나사로바〕를 바라볼 수 있도록 원을 세운다.

불세출의 힌두학자 비베까난다Vivekananda는 이런 소원을 이루어 여동생 니베디따Nivedita와 함께 강 린포체〔카일라스〕 순례를 떠난다. 그곳에서 쉬바의 통찰력을 얻었다고 하니 오랫동안 내면에서 에너지를 키워왔던 원願이 풀어지는 순간 일어날 수 있는 일이다. 그런데 그런 경험을 자신의 제자들에게 전할 방법이 없었다고 한다. 비베까난다는 통곡했다.

어쩌겠는가, 능력이 거기까지인데.

오래전에 이 글을 읽고 나라면 가족이나 친구들에게 강 린포체〔카일라스〕

를 다녀와서 잘 설명說明할 수 있을까, 생각한 적이 있었다.

자신 있었다.

그리고 세월이 흘러 강 린포체〔카일라스〕를 만나고 만족스러운 시간을 맞이하고 돌아와 내가 강 린포체〔카일라스〕의 설명이 아니라 이렇게 글자를 주무르며 책까지 쓰게 될지 꿈도 꾸지 못했다. 돌아와 빈 공간에 문자를 채워 넣어야 하는 이 작업을 통해 비베까난다의 통곡이 이해되었다.

어쩌겠는가. 나의 능력이 그것뿐인걸.

나는 개인적으로 순례의 소원을 풀었을 뿐, 니베까난다처럼 통찰을 얻어내는 일은 어림도 없으며 꿈도 꾸지 않았다. 다만 행복하고 만족스러운 시간이라 15년이라는 오랜 시간 끝에 나를 받아준 진경의 산길에서 먹지 않아도 배고픈 줄 몰랐고, 높이 올라도 고소증이 심하지 않았으며, 오래 걸어도 피곤하지 않았다. 산이 베풀어준 과분한 호사였다. 라싸에서부터 긴 여정 끝에 강 린포체〔카일라스〕를 처음 바라보는 순간은 물론, 꼬라 중에 여기저기서 자꾸 눈물이 쏟아지기도 했다.

강 린포체〔카일라스〕 일대는 글로 쓰이지 않았을 뿐이지 힌두교와 불교의 완벽한 법문이며, 띄어 쓰기, 쉼표, 더불어 완벽한 운율을 가지고 있다. 힌두교의 경우 쉬바신과 그와 관련된 몇몇 초절정 권속들의 이야기로 제한되지만, 티베트불교의 경우, 산 주변으로 둥그렇게 천형만상千形萬象 천태만상千態萬象 봉우리마다 붓다, 조사, 보디삿뜨바, 티베트 산신들이 거주하고 있으니 알고 보면 이 일대는 티베트불교의 종합선물 세트가 된다. 산은 마치 제왕이 행차하듯 '만솔萬率이 그림자처럼 호위하고, 만조백관들이 나열하

티베트 것을 티베트인에게 되돌려주자. 본래 주인에게 돌려주자. 티베트 독립이란 이런 정신의 반영이다. 우리의 이웃 같은 티베트인들이 아무런 장애 없이 자신들의 종교를 믿고, 성지를 순례하며, 여생을 마칠 수 있도록 세계적인 관심과 사랑이 필요하다.

여 환요하는' 듯한 모습이기에 뜻까지 알고 나면 지구상에서 견줄 만한 산이 없다.이 지역 각 봉우리들이 품고 있는 이야기를 쓰는 일은 마치 간경사刊經士의 일 같아 보인다.

사실 개인적으로 사진이나 다큐멘터리 영상 이외 문자적 리얼리즘을 적극적으로 신봉하지 않는 이유는 리얼리티란 기록될 수 있는 것이 아니기 때문이다. 무엇을 오브제로 삼든 글을 통한 리얼리즘은 모호한 안개다. 강린포체〔카일라스〕 이야기를 모두 정확히 전달하기에 글이란 턱없는 도구지만 다른 사람들이 글을 통해 강 린포체〔카일라스〕를 바라보고 자신도 찾아봐야겠다는 마음을 일으키는 일이 문자적 리얼리즘의 최선이 된다. 간접을 통해 결과적으로 직적접인 행동이 나타나서 많은 오르막과 내리막, 추위는 물론 눈사태, 비바람이 도사리는 그 지역의 도보 여행을 통해 함께 수희찬탄隨喜讚嘆 하게 된다면 리얼리즘이라는 이름의 글은 어느 정도 성공이다.

그리고 그가 감동을 안고 돌아와 삶의 방향을 바꿔어 신행하며 수행하고 더불어 지혜롭고 자비로운 길로 간다면 리얼리즘이라는 방법을 택한 글의 성공적 수확이다.

무엇인가

강 린포체〔카일라스〕는 무엇인가?

잠시 붓다 시절 코삼비로 가보면 병들어 누워 있는 제마라는 비구를 만난다.

『잡아함경』에 의하면 제마는 병상에 누워 고통 받고 있었다.

동료 비구가 찾아가 물었다.

"어때, 참을 만한가?"

"너무 고통스러워 참기 어렵다."

위문 간 비구들은 위로를 한다.

"붓다께서는 무아를 설하시지 않았는가?"

즉 나[我]가 없다면[無] 내가 고통을 받는 것이 아니기에 고통은 다만 고통일 뿐이라는 이야기겠다.

그러나 제마는 반대로 이야기한다.

"나는 내가 있다고 생각한다."

이 말을 듣고 비구들이 여럿 다시 찾아왔다. 이들은 다르마[法]에 대해 토론할 때는 거침이 없기에 환자라도 그냥 내버려두지 않고 확실하게 짚을 것은 짚고 넘어간다.

제마가 이야기한다.

"벗들이여, 내가 '나는 있다' 고 말한 것은 육체를 가리켜 나[我]라고 말한 것이 아니다. 또한 감각이나 의식을 가리켜 한 말도 아니다. 혹은 그런 것들을 떠나서 별도로 내가 있다고 말하는 것도 아니다."

이 이야기는 몸이 나라고 할 만한가? 묻는다. 당연히 아니다. 그렇게 쉼 없이 변해가고 원치 않음에도 병들고, 늙어가는데 그것이 나일 수 있겠는가. 더구나 감각이 나이겠는가, 이 생각 저 생각 수시로 떠오르는 생각이 바로 나[我]겠는가?

"벗들이여, 예를 들어 그것은 파아돈마 혹은 푼다리케 꽃향기와 같은 것이다. 만약에 어떤 사람이 꽃잎에 향기가 있다면 옳겠는가. 또 줄기에 있다면 옳겠는가, 또 꽃술에 향기가 있다면 옳겠는가?"

향기가 어디서 날까?

"결국 꽃에 향기가 있다고 말하지 않으면 안 된다. 그것과 마찬가지로 육체가 나라고 생각해서는 안 된다. 감각이나 의식이 나라고 생각해서는 안 된다. 혹은 그것을 떠나서 별도로 나의 본질이 있다는 뜻도 아니다. 나는 그런 것의 통일된 형태는 나[我]라고 말한 것이다."

무아無我의 개념은 부정의 개념과 긍정의 개념이 함께 있고 제마의 견해는 적극적인 긍정적 개념에 속한다. 자성自性이 없는 것이 무아無我다. 차원 높은 무아다.

이 이야기를 강 린포체[카일라스]에 적용시킨다.

강 린포체[카일라스]는 있다!

『보적경寶積經』은 말한다.

"수미산만큼이나 크고 분명하더라도 진아眞我의 존재를 가정하는 것이 더 옳다. 공성을 비실재로 간주하는 것이 더 잘못이다."

사람마다 무아, 공성을 받아들이는 입장이 다르겠다. 나는 빼마에게 배운다.

강 린포체[카일라스]는 하나의 하얀 제춘 빼마[고결연화高潔蓮花]로 세상의 배꼽 위에 향기롭게 피어나 있다. 붓다, 조사, 보디삿뜨바, 티베트 산신들이 통일되어 하나의 에너지 변형으로 히말라야 너머 창탕고원에 주석하고 있으니 이들 요소 중에 무엇 하나 빠져도 강 린포체[카일라스]는 이미 아니다.

모든 봉우리들이 강 린포체[카일라스] 주변에서 외호하지만, 내가 보기에는 그들 모두 강 린포체[카일라스]에 귀의하며 이미 하나였기에 아비달마로 치면 모든 자취는 없기도 하지만 모든 것을 다 갖추었다[一物也無百味足].

이 일대의 모든 것이 불성이기에 주봉 하나만 가지고 강 린포체[카일라스]를 거론한다면 꽃술에만 향기가 있다고 주장하게 된다. 따라서 향기의 근원을 알기 위해서는 주변 모두까지 살펴야 옳으며 그제야 통일된 형태, 즉 향기를 느낄 수 있다.

강 린포체[카일라스]는 걷는 동안 끊임없이 영감을 불러 일으켰다. 초행이라면 늘 먼 것이 산길이지만 이곳에서는 아니 벌써! 하루해가 지는 일이 내내 아쉽기만 했다. 심사숙고하고, 명상하며, 더불어 성찰이 가능한 길들로 이어졌다. 붓다와 보디삿뜨바 그리고 힌두교의 제신들에 관한 이야기가 지난 15년 동안 의식 속에 심어져 있었고, 이것들이 개울을 건너고 언덕을 넘는 동안, 심지어는 잠든 시간까지 쉼 없이 찾아들어오며 이야기를 해주었다. 본래 이 산의 주인이었던 뵌교는 물론 지독스러운 아힘사[비폭력]의 자이나교라고 침묵을 지킬까. 소곤소곤 말을 걸어왔으니 공부하기에는 매일매일 좋은 날[日日是好日]이었고 가만히 내통하기에 그만이었다.

이런 속삼임은 마치 내 기억을 되살리려는 것처럼 때로는 집요했다. 눈을 감고 누워도 오늘 바라보았던 산봉우리들이 자신이 누구라며 내 기억을 통해 대화를 시도했다.

인턴이라는 햇병아리 때 중환자실 근무는 꽤나 여러 가지 경험을 안겨주었다. 대학을 졸업하고 갓 시작한 중환자실과 응급실이라는 극지는 새로운 세상에 대한 대량의 정보가 머리에 심어지는 장소였다. 기억이 돌아오지 않아 이제 거의 식물인간이 된 모친의 귀에 번갈아 기도문을 외우는 착한 아들 딸들, 회복이 불가능하다는 최종진단 이후에도 '여보 나야' 조금씩 흔들며 아내의 기억을 되살리려는 애틋한 마음의 남편, 3년째 혼수상태인 남편을 찾아와서는 '애가 어제 생일이었어' 변해가는 아이의 사진을 초점 맞지 않는 남편 눈앞에 보여주는 아내 등등.

왜 이런 생각이 났는지 모르지만 절대 순수의 위풍당당함을 갖춘 강 린포체〔카일라스〕에서 과거 환자였던 이들이 와라락 쏟아지듯이 생각났다. 그것은 강 린포체〔카일라스〕가 내게 어떤 기억을 일깨워주기 위해 쉼 없이 시그널을 보낸다는 느낌을 받았기 때문이었다.

중환자실 기억상실에 빠진 나를 향해 애정을 가지고 보살피며 깨어나라 흔드는 어떤 힘.

비록 밤에는 비가 내리고 바람이 세찼으나 낮에는 단 하루도 풍경을 가릴 정도의 비가 내리지 않았고 어떤 날도 지나치게 힘들지 않을 정도였으며 도리어 이겨낼 만한 적당한 고통으로 고통의 본질을 살펴보도록 배려하던 힘.

그동안 인도, 네팔, 파키스탄 등등의 히말라야에서 만난 힌두교와 티베트불교에 대한 적당한 감수성에 의해 의식 밑으로 움직이는 이런 힘이 과연 무엇을 의미하는지 천천히 알아차렸다. 내 까르마와 여행이 뒤에서 은밀하게 공조하고 있었으니 중환자에게 속히 옛 기억을 찾아 본래면목本來面目으로 되돌아오라 흔들어 깨우는 자비로운 기운.

이제, 마음 안에서 티베트불교 다르마가 해와 달이 되어 앞길을 비추고, 마음 안에서 흔들렸던 물결은 기어이 잠잠해지는 길을 가리라는 예감. 여행 끝 무렵 중환자가 이제 서서히 깨어나려는 듯 움찔거리는 저 아래의 의식을 마치 아이를 기다리는 산모의 태동胎動처럼 느끼게 되었고.

닫으며

“카일라스 꼬라를 한 모든 사람들에게는 암묵적인 일치가 생겨나고 사람들은 서로 ‘카일라스를 보았다는 것’ 을 알아볼 수 있게 됩니다. 그래서 사람들은 성스러운 산의 가족이 되는데 이들은 세계를 이전과 다르게 보게 됩니다.”

고빈다의 말이다. 나는 이제 고빈다와 더불어 강 린포체〔카일라스〕 국國, 국민國民이다.

히말라야를 다닌 지 20년에서 한두 해가 모자라고, 강 린포체〔카일라스〕라는 이야기를 들은 지는 15년이 된 후 얼굴을 뵈었다. 오매불망 15년을 기다려 한 생의 의무 중의 하나를 마쳤다고나 할까.

그동안 히말라야 높은 산길을 지나면서 가까이 혹은 멀리서 하늘로 올라 뻗는 하얀 봉우리들을 수없이 보았다. 어떤 봉우리는 며칠 동안이나 시선 안에 담고 있었고, 어떤 봉우리 밑에서는 텐트를 치고 막영했으며, 어떤 봉우리는 다만 힐끗 보기만 했다. 살면서 많은 사람을 만났으나 내면으로 들어와 얼굴이 된 사람의 숫자가 많지 않듯이 설산 봉우리를 그토록 보았지만 산의 주름까지 접수하여 확실하게 기억하는 봉우리 수는 많지 않다.

그런데 단 한 번 보고도 그 산을 알아보고 돌아와서도 그 산이 잊히지 않는다면 내게는 대단한 인연의 산임이 틀림없다. 내생까지 가지고 가야 하는 혹은 전생부터 어떤 인연이 있는.

강 린포체〔카일라스〕.

돌아와 시간이 지날수록 점점 눈에 밟히는 모습에 경이로운 느낌이 든다. 점차 봉화처럼 밝고 선연한 모습을 갖추고 있는 봉우리를 생각하는 그 순간, 인사동, 테헤란로 등, 저잣거리 어디든지, 지리산, 설악산 산 중 어디든지, 내 안에서 원어생기源於生氣로 당당하게 일어선다.

이미 내 살 속에는 산색이, 햇볕이, 바람이, 더불어 물소리가 깊이 스며들어 내가 되었기에 나는 강 린포체〔카일라스〕 일대를 가지고 있으며 강 린포체〔카일라스〕는 나의 일부다.

너무 많은 이야기를 했다. 그러나 강 린포체〔카일라스〕는 이렇게 길게 늘려버리는 동안 사용했던 모든 말보다 더 많은 것을 가지고 있음에도 불구하고 능력이 부족하여 거대한 만다라를 있는 그대로 그려내지 못했고, 더불어 약사봉, 산신들의 여러 봉우리, 힌두교 신화에 젖어 있는 하누만, 가네쉬 봉을 위시한 다른 몇 개의 봉우리와 성소들은 제한된 책 페이지와 비중으로 아예 속으로 꿀떡 삼켰을 뿐 운조차 떼지 못했다. 그림으로 치자면 군데군데 공백인 셈이다. 모자란 내 스타일로 이야기와 사진으로 모두 꾸려나간다면 네 권은 족히 되리라.

또한 강 린포체를 화장華藏한 주변 봉우리 이야기는 많이 했지만 일부러 봉우리 위의 처염상정처에 대한 자세한 이야기는 아꼈다. 보물산, 능엄삼매에 들어있는 고결한 연꽃은 스스로 바라보고, 알아보며, 향기를 맡을 일이며, 있는지 없는지, 무아인지 공인지, 스스로 겪어볼 일이리라. 어느 누구나 손수 체험하는 여행이 이루어진다면 개인사에 매우 뜻 깊은 날들로 기억에 남아, 이제 남은 삶, 강 린포체〔카일라스〕 국민의 혜택을 누릴 수 있으리라. 허물이 가벼워지리라.

부디 그렇게 되시기를.

완벽한 상징들이 품은 초월적 진리의 몸, 강 린포체〔카일라스〕.

따시 속〔번영할지어다〕.

강 린포체라, 꼐오 잴라 양까르 재용〔강 린포체여, 내생에 다시 만나요〕!

강 린포체〔카일라스〕 일대는 유네스코가 신속하게 자연문화유산으로 지목하는 일이 옳아 보인다. 불교, 힌두교, 자이나교 그리고 뵌교의 성지인 일대를 그대로 방치할 경우, 신속한 파괴가 일어날 것이다. 몰려오는 한족에 의한 무분별한 개발, 청정의 개념이 부족한 힌두인들에 의한 오염 등등은 다만 시간문제가 된다. 이런 평화로운 자리에 중국인이 주인인 호텔이 들어서고 인도인들이 투숙하며 티베트인들은 종업원으로 일하는 상황. 이런 모습은 상상만으로 끔찍하지 않은가. 더불어 티베트는 반드시 독립되어야 한다. 뵈랑첸〔티베트 독립〕!

참고서적 및 논문

깨달음 뒤의 깨달음, 쇼갈 린포체, 민음사

깨달음에 이르는 길, 람림, 쫑카파, 지영사, 2006

깨달음 이후의 빨랫감, 잭 콘필드, 한문화, 2006

고금면경 산, 운병당, 소금나무, 2006

구루의 딸, 라마 아나가리카 고빈다, 민족사, 1992

그대가 있어 내가 있다, 사티쉬 쿠마르, 달팽이, 2004

다라관음多羅觀音의 밀교수행관, 정성준, 천태학연구 통권 제5집, 2003

당신의 적이 당신의 스승입니다, 달라이 라마, 장승, 1994

달라이 라마, 나의 티베트, 게일런 로웰, 시공사, 2002

달라이 라마와 함께 지낸 20년, 청전, 지영사, 2006

달라이 라마의 밀교란 무엇인가, 석설오, 효림, 2002

달라이 라마 평전, 질 반 그라스도르프, 아침이슬, 2005

달라이 라마 죽음을 이야기하다, 달라이 라마, 북로드, 2004

딴뜨라 불교입문, SB 다스굽타, 민족사, 1991

대일경, 동국역경원, 2007

대일경의 사상과 수행체계, 이정수, 민족사, 2007

람림, 쫑카파, 하늘호수, 2005

미라래빠, 롭상 라룽파, 불일출판사, 2000

미린다 팡하, 동국대역경원, 1993

밀교의 역사와 문화, 요리토미 모토히로, 민족사, 1990

밀교의 인도문화 수용에 대한 고찰, 장익, 한국불교학 통권 제34호, 2003

밀교정신과 생태문제, 장익, 보조사상普照思想 제26집, 불일출판사, 2006

밀교학의 실천행-즉신성불卽身成佛의 원리와 실천수행법, 전동혁(종석),

원효학연구 편집위원회 2000
밀교학입문, B. 밧따짜리야, 불광출판부, 1995
보신불sambhoga-kaya 사상의 전개에 대한 일고, 정성준, 불교학보 제42집,
동국대학교 출판부, 2005
봐라, 꽃이다, 김영옥, 호미, 2002
백팔번뇌, 문영출판, 1981
비교종교학, 이훈구, 은혜출판사, 2000
붓다의 가르침, 마스다니 후미오, 고려원, 1993
사티쉬 쿠마르, 사티쉬 쿠마르, 한민사, 1997
삼국유사, 일연,
삶과 죽음의 다르마, B. 알란 월리스, 숨, 2001
성과 속, 미르치아 엘리아데, 한길사, 1998
시륜時輪딴뜨라의 성립의 밀교사적 의미, 정성준, 한국불교학 제32호, 한국불교학회, 2002
십일면관음상十一面觀音像 도상圖像 연구 : 한족漢族 지역과 티베트 지역 조상造像의
비교를 중심으로, 리링, 미술사논단美術史論壇 통권19호, 2004
미라래빠의 십만송, 가르마 첸지창, 시공사, 1994
연꽃속의 보석이여, 스티븐 배첼러, 불일출판사, 2001
예세 초겔, 김영사, 2004
통윤의 유마경 풀이, 일지, 서광사, 1999
육도를 넘나본 수미산, 박동준, 한양대학 출판부, 2004
예불, 정각, 운주사, 1998
인도 만다라 대륙, 사이 다케오, 들녘, 2001
인도 밀교의 성립에 관한 연구, 권영택, 동국대 교육대학원, 1995
인도밀교印度密教의 전개에 따른 호마의궤護摩儀軌의 변천, 정성준, 불교학보 37,
동국대학교 불교문화연구원, 2000
인도의 신화와 예술, 하인리히 짐머, 대원사, 1995
자연, 예술, 과학의 수학적 원형, 마이클 슈나이더, 경문사, 2002
자이나 철학에서의 업業과 영혼靈魂의 관계, 김미숙, 인도철학 제11집, 인도철학회, 2002

장아함의 수미산신화 분석, 김영태, 한국정신문화연구원 한국학대학원, 2001
조선후기 16나한도 연구, 신은미, 동국대학교대학원, 2001
제석천Indra을 통한 불교신화의 일고찰, 김용환, 동국대 대학원, 1977
죽장수필, 운서주굉, 불광출판부, 1991
중국학계의 티베트 역사시「게싸르」이해 : 잠빼갸초〔降邊嘉措〕의 연구를 중심으로,
박장배, 사천문화四川文化 제1집, 2005
지혜의 비, 쵸감 트룽빠, 고려원, 1991
탄트라 구루, 아브야다타, 관음출판사, 1994
탄뜨라로 가는 길, 쵸감 트룽파, 김영사, 1988
티베트 달라이 라마의 나라, 이시하마 유미코, 이산, 2007
티베트불교사, 야마구치 즈이호, 민족사, 1990
티베트불교의 수행체계와 보살도, 김성철, 가산학보 제9호, 가산학회, 2001
티베트불교 입문, 탈렉 캽괸 림포체, 청년사, 2006
티베트 불교 초기 수용과 밀교의 역할, 장익, 대학원연구논집 26, 동국대학교대학원, 1996
티베트불교 체험기, 설오스님, 효림, 2002
티베트 삶, 신화 그리고 예술, 마이클 윌리스, 들녘, 2002
티베트의 신비와 명상, 김규현, 도피안사, 2000
티베트 신화, 안느 타르디, 청솔, 2003
티베트 문화산책, 김규현, 정신세계사, 2004
티베트의 산신 신앙, 장종현, 중앙민속학 제10호, 중앙대학교 한국민속학연구소, 2004
티베트 역사산책, 김규현, 정신세계사, 2003
티베트의 영혼 카일라스, 로버트 셔먼, 태드 와이즈, 이룸, 2001
티베트 유목문화의 생태학적 해석, 임재해, 비교민속학 제8집, 1992
티베트의 장례 풍속과 '천장'의 문화적 해석, 임재해, 비교민속학 제15집, 1998
티베트의 지혜, 쇼갈 린포체, 민음사, 2000
티벳 밀교 요가, 라마 카지 다와삼둡, 정신세계사, 2001
티벳의 사랑과 마법, 알렉산드라 다윗 닐, 문학동네, 1977
해탈의 빛 착첸〔마하무드라〕, 허버트 귄터, 고려원, 1992